MULTIPLICATION ET AMÉLIORATION

DES

ESPÈCES CHEVALINE, BOVINE,

PORCINE ET OVINE

DANS LE DÉPARTEMENT D'ILLE-ET-VILAINE,

Par P. Bellamy,

EX-VÉTÉRINAIRE D'ARTILLERIE,
VÉTÉRINAIRE DU DÉPARTEMENT, PROFESSEUR
A L'ÉCOLE D'AGRICULTURE, SECRÉTAIRE DE LA COMMISSION
HIPPIQUE DÉPARTEMENTALE, MEMBRE DU CONSEIL CENTRAL D'Y-
GIÈNE ET DE SALUBRITÉ, DE LA SOCIÉTÉ D'AGRICULTURE, DE PLUSIEURS
COMICES, ET DE LA CHAMBRE CONSULTATIVE D'AGRICUL-
TURE, MEMBRE CORRESPONDANT DE LA SOCIÉTÉ
IMPÉRIALE DE MÉDECINE
VÉTÉRINAIRE.

TOME PREMIER.

RENNES,
IMPRIMERIE DE CH. CATEL ET Cie,
rue du Champ-Jacquet, 25.

—

1856.

A Monsieur le Préfet

Et à Messieurs les Membres du Conseil général
du département d'Ille-et-Vilaine.

Messieurs,

J'ai l'honneur de vous dédier ce travail, comme témoignage de dévouement et de reconnaissance.

J'ai l'honneur d'être avec un profond respect,
Messieurs, votre très-humble et très-obéissant serviteur,

P. BELLAMY, *vétérinaire.*

INTRODUCTION.

L'amélioration des diverses espèces animales est de la plus grande importance; mais, pour y arriver, il faut posséder certaines connaissances.

Témoin des labeurs des agriculteurs, connaissant les sacrifices qu'ils font, comme eux je gémis en voyant les résultats qu'ils obtiennent.

Il faut qu'ils soient bien convaincus qu'il n'en coûte pas plus pour bien entretenir un bon animal qu'un mauvais. S'ils en ont qui ne paient pas la nourriture et les soins qu'ils leur donnent, il en est d'autres qui leur procureraient de grands bénéfices.

En leur faisant connaître aujourd'hui le résultat de mes observations, je n'ai pas l'intention de dire mon dernier mot : sous ce rapport, j'aurais pu attendre; mais j'ai cru devoir céder à des sollicitations et au désir d'être utile aux agriculteurs du département.

Je ne me le dissimule pas; par cela même que le

travail que j'entreprends est le premier qui ait été fait dans ce genre, il sera peut-être au-dessus de mes forces; mais, en cherchant à combler la lacune qui existe, j'ai l'espoir de faire une œuvre qui pourra être favorablement accueillie de M. le Préfet et de MM. les Membres du Conseil général du département.

Pour faire mieux comprendre tout l'intérêt que l'on attache à la solution des diverses questions qui vont faire le sujet de mes observations, je crois devoir citer quelques passages d'un discours prononcé par M. Monny de Mornay à la dernière distribution des prix et des diplômes à l'École impériale vétérinaire d'Alfort.

Il disait : « Vous rencontrerez bien des problèmes à « résoudre, bien des régions nouvelles à explorer, et, « j'en ai l'espoir, bien des vérités à mettre en lumière.

« Sans parler de la description et de la classification « des races qui n'ont point encore été présentées d'une « manière complète, vous vous trouverez en face de « toutes ces grandes questions des croisements, de « l'alimentation, de l'éducation, et de tant d'autres « dont les éléments épars se constituent sous vos yeux, « mais qu'il appartient à la science vétérinaire de réunir « et de grouper, pour en faire un corps de doctrine où « l'agriculteur viendra chercher la lumière dont il a « besoin pour éclairer sa pratique.

« J'affirme qu'aujourd'hui, plus que jamais, l'industrie

« du bétail prend en France la proportion d'un intérêt « national de premier ordre. »

Telles sont les paroles qui ont été prononcées par un homme d'un grand savoir, dans une solennité où il représentait M. le Ministre de l'agriculture et du commerce.

Pour être mieux compris des agriculteurs, voici la marche que j'ai cru devoir adopter :

Je ferai connaître le nombre d'animaux des espèces chevaline, bovine, porcine et ovine que possède le département d'Ille-et-Vilaine, puis je passerai en revue chaque arrondissement, sous le rapport de sa position culturale.

Je constaterai, par canton,

1° L'état des espèces chevaline, bovine, porcine et ovine ;

2° Leurs qualités et leurs défauts ;

3° Les moyens qui ont été employés en vue de les améliorer ;

4° Enfin, j'indiquerai les moyens auxquels il faut avoir recours dans l'intérêt de l'agriculture et du pays.

NOMBRE D'ANIMAUX

QUE POSSÈDE LE DÉPARTEMENT.

Si on juge de la richesse et du degré de civilisation d'une nation par le nombre, la bonne conformation et les qualités des animaux qu'elle possède, il doit en être de même lorsqu'on n'envisage qu'une portion limitée de son territoire.

En effet, les animaux doivent toujours représenter le plus grand capital. Ils sont d'une utilité tellement grande qu'on les considère comme nécessaires, indispensables, tant sous le rapport des services qu'ils rendent que des produits qu'ils nous donnent.

L'homme, par son génie d'observation, est parvenu à imprimer de telles modifications aux diverses espèces animales soumises à sa domination, qu'il en a fait des machines jouissant de propriétés variables, suivant les besoins de la société.

Ce sont les animaux les plus productifs, réunissant les conditions les plus avantageuses sous le rapport de la production du sol, que l'on dit améliorés.

Les nécessités de l'époque réclament également l'augmentation du nombre.

Tels sont les résultats que nous devons chercher à obtenir, et vers lesquels tous nos efforts doivent tendre.

1

Le département d'Ille-et-Vilaine, d'une contenance de 672,738 hectares, sous un climat tempéré, avec un sol convenablement composé, ne possède que 731,287 animaux de vente ou de travail.

Déduction faite de ceux d'espèce chevaline, qui sont de 69,637, il ne reste que 661,650 têtes de bétail pouvant servir à l'alimentation de 574,618 habitants existant dans le département. En tenant compte des pertes occasionnées par accidents ou maladies, de la nécessité d'affecter un certain nombre de têtes à la reproduction des espèces, il faut reconnaître qu'on ne peut disposer que d'un petit nombre pendant le cours d'une année, afin de ne pas compromettre l'avenir.

Au point de vue de la quantité de viande reconnue nécessaire pour la nourriture de l'homme, on est obligé de convenir que l'Ille-et-Vilaine, ne pouvant se suffire, est tributaire des départements voisins.

Les diverses associations agricoles sont appelées à rendre de grands services; mais, en attendant, le département n'a que 399,198 hectares de terres en labour, et 73,404 hectares de prairies naturelles, tandis qu'il présente encore 50,097 hectares de jachères et 90,923 hectares de landes.

L'agriculture et la production animale sont deux industries tellement solidaires l'une de l'autre qu'elles ne peuvent subsister isolément.

Le plus grand reproche que l'on puisse adresser aux agriculteurs du département, ce n'est pas de présenter encore une certaine étendue de landes; car s'il ne s'agissait que de les labourer, cela serait bientôt fait.

Mais comme il est reconnu que les terres en culture ne reçoivent pas une suffisante quantité d'engrais pour pouvoir fournir des récoltes abondantes, parce que les cultivateurs n'ont pas un assez grand nombre d'animaux, on peut leur reprocher de ne pas apporter à ceux-ci tous les soins nécessaires.

Si au lieu de chercher à augmenter le nombre des animaux, l'industrie agricole trouvait plus de bénéfices à produire d'autres denrées d'une valeur beaucoup plus grande, de telle manière qu'elle eût plus d'avantage à acheter l'engrais qu'à le produire dans les exploitations, alors on pourrait comprendre le système actuel ; mais c'est le contraire qui est démontré.

En effet, c'est une vérité reconnue : plus une exploitation agricole entretient d'animaux, plus elle a d'engrais, plus son agriculture est prospère et réalise de bénéfices.

Puisque, sous le rapport agricole, le département ne possède pas un assez grand nombre d'animaux, voyons si, sous celui de l'hygiène applicable à l'espèce humaine, il en produit suffisamment.

Très-approximativement, on peut connaître la quantité de viande fournie annuellement par l'industrie agricole : il est facile de savoir quelle est la quantité nécessaire pour notre département, et de se rendre compte des avantages et des inconvénients qui peuvent en être la conséquence.

D'après les documents, il paraît démontré qu'il serait tué par an dans le département, pour la nourriture de l'homme, 102,831 veaux, qu'on peut évaluer à 30 kilogrammes de viande nette l'un, soit 3,084,930 kilogrammes.

Il est élevé annuellement 31,112 veaux destinés à remplacer les vides faits par leurs ancêtres ; sur ce nombre, il est constaté qu'il en meurt 5,052 par accidents ou maladies, avant d'être arrivés à l'âge adulte : d'où il résulte qu'il n'en reste que 26,060 têtes.

Puisque, pendant la seconde période de la vie (âge adulte), il est avéré qu'il en meurt encore 3,808, il n'y a donc à survivre que 22,252 animaux ; par conséquent, on ne peut admettre que le département puisse fournir actuellement pour la boucherie, en bœufs, vaches ou taureaux, audelà de ce dernier nombre. Or, nos grands animaux, rendant une moyenne de 175 kilogrammes de viande nette (sans os), peuvent produire 3,894,100 kilogrammes par an.

Le département compte dans son sein 189,271 bêtes ovines ; on ne peut admettre qu'il en soit livré à la boucherie plus de 85,000 têtes par an, qui produisent, à raison de 15 kilogrammes de viande nette chacune, 1,275,000 kilogrammes.

L'espèce porcine, étant au nombre de 73,501, ne peut guère fournir annuellement plus de 40,000 têtes : en supposant que leur poids moyen soit de 75 kilogrammes de viande nette, il en résulte une production de 3,000,000 de kilogrammes.

En résumé, le département fournit aujourd'hui, pour l'alimentation de ses habitants, 11,254,030 kilogrammes de viande annuellement.

Notre population étant de 574,618 âmes, si nous étions réduits à nous contenter de la quantité de viande que le département produit, il ne reviendrait par an à chaque individu que 19 kilos 585 grammes, et seulement 53 grammes 65 centigrammes par jour.

Cependant si, d'après les données de la science, on admet que chaque individu ait besoin au moins de 250 grammes de viande par jour pour fournir à l'économie animale les éléments constitutifs de son organisation, il paraîtrait évident que notre département aurait besoin de pouvoir disposer, pour sa consommation journalière, de 143,654 kilos 500 grammes de viande, et annuellement de 52,433,892 kilos 500 grammes, ce qui ferait 91 kilos 250 grammes par an et par personne.

En établissant un point de comparaison entre ce que le département produit en viande (11,254,030 kilogrammes) et les besoins précédemment indiqués (52,433,892 kilos 500 grammes), on constate un déficit annuel de 41,179,462 kilos 500 grammes.

Pour nous rapprocher le plus possible de la vérité, supposons qu'il y ait dans le département 300,000 personnes se conformant strictement aux lois de l'Eglise pendant cent cinquante-sept jours de l'année; alors il peut en résulter, à raison de 250 grammes de viande en moins par jour pour chaque personne, pendant ce laps de temps, une diminution de 11,775,000 kilogrammes par an.

Pour être plus rigoureux encore, admettons que (contrairement aux lois de l'hygiène) tous les enfants ne mangent pas de viande depuis leur naissance jusqu'à l'âge de quatre ans. Or, puisqu'il y en a 58,023 dans cette catégorie dans le département, en opérant une diminution de 250 grammes par jour pour chaque individu, il en résulte une réduction journalière de 14,505 kilos 758 grammes, et par an une diminution de 5,294,598 kilos 750 grammes.

Si nos animaux d'espèce bovine, étant mieux préparés pour la boucherie, pouvaient atteindre le poids pur et net de 200 kilogrammes, cela nous donnerait une augmentation de 556,300 kilogrammes de viande par an. Malgré cette amélioration possible, nous aurions encore à constater un énorme déficit.

En résumé, le département produit actuellement par an, savoir :

En viande de veaux..................	3,084,930 kilos.
En viande de bœufs, vaches et taureaux.	3,894,100
En viande de l'espèce ovine............	1,275,000
En viande de l'espèce porcine..........	3,000,000
Augmentation de poids des bœufs, vaches et taureaux, facile à obtenir.........	556,300
Total de la production........	11,810,330 kilos.

Les besoins pour 574,618 habitants, dans le département, étant de.........................	52,433,892 k. 500 gr.
Le déficit annuel est de.........	40,623,562 500

Les réductions qui pourraient être supposées pour 300,000 habitants d'une part, et 58,023 enfants, soit,

par an........................	17,069,598 k.	750 gr.
ramènent les besoins réels à.......	35,364,293	750
et le déficit réel du département à..	23,553,963	750

Quel énorme déficit! Quelle conséquence! Il y a une grande pénurie : comment y remédier?

Il suffit d'augmenter les cultures fourragères. A l'aide du perfectionnement des méthodes agricoles, on peut entretenir un bétail plus nombreux, meilleur, et obtenir des résultats qui seront une source immense de prospérité.

De ce que l'industrie agricole de notre département ne fournit actuellement à la boucherie que la quantité de viande que je viens d'énoncer, il ne faut pas conclure qu'il n'en soit pas consommé davantage; car à en juger par les relevés de l'octroi de la ville de Rennes, il paraît démontré que nous en achetons beaucoup au dehors.

Rennes consomme par an pour ses 39,505 habitants, savoir :

En viande de bœufs, vaches et taureaux..	1,140,000 kilos.
En viande de veaux, boucs et chèvres...	900,000
En viande de moutons, brebis et agneaux.	250,000
En viande de porcs..................	265,000
En viande dépecée, fraîche ou salée......	62,000
TOTAL.........	2,617,000 kilos.

Ce qui fait par jour, pour chaque habitant, 182 grammes de viande, et par an, par personne, environ 66 kilos 240 grammes.

Puisque, d'après ce qui précède, le département est obligé d'acheter, en dehors de son sein, 23,553,963 kilogrammes de viande par an, lors même qu'il ne la paierait que 50 c. le kilo, il en résulte une dépense annuelle de 11,776,981 fr. 50 c.

Voilà une somme énorme que nous payons annuellement à nos voisins.

Quels avantages, si le département pouvait se suffire! Que d'améliorations agricoles possibles avec un pareil capital! Quelle fortune, si le département produisait annuellement les 23,553,963 kilos de viande qu'il est obligé d'acheter.

Les besoins sont grands : il ne faut pas le dissimuler, il y a beaucoup à faire pour les satisfaire; mais nous avons la consolation de dire que les moyens à employer sont à la disposition des agriculteurs, qui n'ont qu'à vouloir pour pouvoir.

ARRONDISSEMENT DE RENNES.

L'arrondissement de Rennes est dans des conditions favorables sous le rapport agricole, tant par la composition de son sol que par la proximité d'un grand centre de population. Son sol est très-variable, mais il est généralement formé par une couche végétale assez épaisse, avec un sous-sol calcaire par endroits, argileux, siliceux ou schisteux dans d'autres. Les terres fortes, dites argileuses, dominent; il y en a de légères, elles sont sablonneuses; d'autres sont *crues,* parce que le sous-sol est imperméable à l'eau : il n'y a cependant pas de marais.

L'arrondissement de Rennes possède tous les éléments de prospérité; il n'y a qu'à faire cesser quelques routines, bien convaincre les habitants des communes rurales des avantages que présentent la mise en pratique des bonnes méthodes agricoles, et le succès sera assuré.

Il est à remarquer que ce n'est pas toujours celui qui se trouve à même de bien faire qui fait le mieux.

Une grande étendue de l'arrondissement de Rennes peut facilement se procurer à bon marché des engrais et des amendements calcaires; il est dans des conditions très-avantageuses pour tirer un bon parti de ses récoltes, des animaux et de leurs produits.

Cependant il laisse encore beaucoup à désirer.

Signaler les inconvénients, n'est-ce pas éclairer les cultivateurs, servir leurs intérêts et ceux de la société?

En effet, pour être bon agriculteur, il ne suffit pas de savoir labourer la terre, connaître l'action des engrais et des amendements, les époques des semailles et les assolements, il est encore important de savoir récolter à temps, d'employer des moyens convenables, afin de conserver les produits du sol pour des moments opportuns et pouvoir en tirer le meilleur parti possible.

Tout le monde sait que les prairies naturelles ne sont pas l'objet de soins assez minutieux et bien entendus; quoique composés en grande partie de graminées et de légumineuses, les foins qu'elles fournissent ne sont pas aussi abondants ni aussi nutritifs qu'ils devraient l'être, parce qu'ils sont fauchés trop tard et qu'on ne prend pas toutes les précautions nécessaires pour leur conservation.

Dans les exploitations rurales de l'arrondissement, il y a pénurie d'animaux, et leur nombre est encore trop considérable pour qu'ils puissent être convenablement nourris.

C'est à ne pas y croire! Dans une contrée herbeuse comme la nôtre, on n'a pas de quoi nourrir le bétail!

Comment, dans tout l'arrondissement, sur une étendue de 130,489 hectares, il n'y a que 2,283 hectares de prairies artificielles! Pour pourvoir seulement aux besoins actuels, il en faudrait plus du double.

Le meilleur moyen d'avoir d'abondantes récoltes en grains, c'est de donner une plus grande extension aux cultures fourragères; c'est aussi celui de pouvoir bien nourrir un plus grand nombre d'animaux, desquels on sera assuré d'obtenir de meilleurs services, plus de produits et une plus grande quantité d'engrais; d'où résultera une augmentation de fertilité du sol ; partant, la réalisation de grands bénéfices.

Les progrès agricoles et la multiplication des animaux sont intimement unis; de la bonne direction de l'une dépend le succès de l'autre : pas de bétail sans fourrages, pas de fourrages ni de grains sans engrais.

Espèce Chevaline.

Dans l'arrondissement de Rennes, un grand nombre de fermiers ont l'habitude d'acheter des poulains de six mois (Laitrons) pour les élever jusqu'à l'âge de trois à quatre ans.

Il est à présumer qu'ils ne se rendent pas bien compte de leur prix d'achat, de la nourriture, ni des pertes qu'ils éprouvent par suite de mortalités; enfin, qu'ils n'établissent pas un point de comparaison entre le prix de revient et celui de la vente, car beaucoup renonceraient à un pareil système, parce qu'ils reconnaîtraient qu'il est onéreux.

Dans la plus grande majorité des fermes de l'arrondissement, on élève donc le cheval, mais on ne le produit pas.

Si on demande à un fermier pourquoi il n'a pas de juments propres à la reproduction, de préférence à des chevaux entiers, il répond que c'est la crainte d'avoir des accidents avec les chevaux entiers des exploitations voisines.

Je ne considère pas cette raison comme étant assez plausible ; je pense que si les agriculteurs appréciaient à leur juste valeur tous les avantages qu'ils pourraient obtenir de la production chevaline, ils changeraient de système.

Dans une exploitation agricole bien entendue, où la nourriture ne fait pas défaut, il est certain qu'il y a avantage à produire le cheval.

Pour que les cultivateurs comprennent mieux les inconvénients inhérents à leur routine, je crois devoir les signaler de la manière suivante :

C'est aux foires de *Saint-Méen, Lamballe, Montfort* ou *Cesson,* que les poulains de six mois sont achetés pour les prix de 250 à 300, 400 et même 500 fr.; mais la moyenne est de 300 fr.

Avant qu'un pareil animal soit réellement capable de gagner sa nourriture, il faut encore attendre dix-huit mois, c'est-à-dire qu'il ait atteint l'âge de deux ans. Pendant les premiers temps du jeune âge, le poulain demande de grands soins; il est exposé à la gourme et autres maladies fréquentes chez le jeune sujet; d'où résulte une mortalité d'un sur cinq au moins.

D'après ce qui a lieu dans la majorité des cas, les chiffres suivants leur sont applicables :

1° Prix d'achat d'un poulain breton âgé de six mois, 300 fr.;

2° Nourriture en pure perte, jusqu'à l'époque où il pourra la gagner, ce qui demande dix-huit mois, à 0 fr. 75 c. par jour, 410 fr. 60 c.;

3° Mort d'un poulain sur cinq, revenant à un prix plus ou moins élevé, suivant l'âge atteint, qu'on peut porter à une moyenne d'un an et estimer la perte à 436 fr. 50 c.;

4° Soit à ajouter au prix de revient de chaque poulain qui survit, 109 fr.;

5° Enfin, le poulain breton, élevé dans l'arrondissement de Rennes, revient à l'agriculteur, à l'âge de deux ans, à la somme de 820 fr.

Après tant de soins et de sacrifices, en admettant qu'à partir de l'âge de deux ans il gagne sa nourriture jusqu'au moment de la vente (à trois ou quatre ans), le fermier a cependant encore des chances de pertes par accidents ou maladies.

Aujourd'hui que les chevaux se vendent bien, quel prix retirera-t-on de ceux de l'arrondissement de Rennes? Une moyenne de 500 fr. : d'où il résulte que l'éleveur perd plus de 300 fr. par cheval.

D'après ces données, il est facile de voir qu'une pareille routine cause de grands préjudices aux cultivateurs, met obstacle à la production chevaline et contribue à retarder les progrès agricoles.

Le moyen de remédier à ces inconvénients est bien simple : pour s'affranchir des départements voisins, il faut que les agriculteurs de l'arrondissement aient chez eux de bonnes juments bretonnes, capables de produire des poulains qui leur reviendront à bien moins cher que ceux qu'ils achètent actuellement.

Espèce Bovine.

L'espèce bovine est nombreuse dans l'arrondissement de Rennes; c'est elle qui représente le plus grand capital; le fermier compte beaucoup sur ses produits pour payer son propriétaire, et cependant il ne lui prodigue pas tous les soins nécessaires.

Tout d'abord, je ferai remarquer que l'entretien d'une bonne race ne coûte pas plus que celui d'une mauvaise, et eu égard aux avantages que la première présente, il n'y a pas à hésiter sur le choix.

La race bovine de l'arrondissement de Rennes était autrefois celle que l'on rencontre encore aujourd'hui dans certaines contrées du Morbihan et du Finistère, où elle rend de grands services au cultivateur, qui ne peut souvent disposer pour toute nourriture que de l'herbe qui croît sur les bords des chemins ou sur les landes communales.

Comme il arrive fort souvent qu'on confond avec la race bretonne un grand nombre de sujets de la même espèce, nés et élevés en Bretagne, mais n'appartenant pas à la race bretonne, je crois utile de faire connaître les principaux caractères auxquels on la reconnaît.

La vache de pure race bretonne est ordinairement pie-noire, noire, ou pie-alezan; les couleurs de sa robe sont toujours vives et à lignes de démarcation bien tranchées entre elles.

Lorsqu'une vache bretonne a une robe composée de nuances mélangées, ou quoique pie elle présente, soit sur le garrot, soit sur le dos, les reins ou la croupe, une ligne formée par des poils de couleur froment pâle, on peut être certain qu'elle n'est pas de pure race bretonne.

Le mufle de la vache bretonne est ordinairement noir; la muqueuse buccale est de couleur blanche chez celle qui est de pure race, tandis qu'elle est noire ou marbrée dans celle qui est croisée.

La taille de la vache bretonne est de 95 centimètres à 1 mètre 4 ou 5 centimètres; elle est très-longue de la pointe de l'épaule à la fesse, et elle a l'encolure courte et mince.

Elle a l'œil vif, la tête courte, seiche et petite, les cornes fines, noires et blanches ou complètement blanches; ces dernières sont les plus recherchées. Il y en a qui ont les cornes longues, d'autres qui les ont courtes; elles sont toujours arquées, et on préfère les dernières. Le garrot, le dos et les reins sont souvent sur la même ligne que la croupe, mais cette dernière région est parfois plus haute ou avalée. La croupe est généralement assez large à sa partie antérieure, mais elle est assez souvent resserrée à son extrémité postérieure.

La queue est fine et longue, quelquefois un peu haute à son point d'attache; elle présente toujours à son extrémité inférieure un fort bouquet de crins ondulés.

La race bretonne a peu de fanon, le poitrail assez large, la côte ronde et bien descendue; elle n'est pas sanglée; elle a le ventre peu développé pendant le jeune âge, tandis qu'après plusieurs vêlages il acquiert un volume considérable.

Toutes les vaches bretonnes ont les veines de lait grosses et flexueuses, le pis volumineux et de couleur jaunâtre, placé en avant; il a une forme ovalaire et se trouve divisé en quatre émisphères ou quartiers, au centre desquels se trouve placé un mamelon. Le pis de la vache bretonne se réduit à rien après la traite, c'est ce qui explique qu'il n'est pas charnu : il est pourvu d'une peau fine, souple et mouvante, d'un léger duvet ; les trayons sont parfois courts, rapprochés et d'un petit diamètre ; le plus ordinairement on n'en voit pas de rudimentaires. La vache bretonne a souvent les muscles peu développés; cela tient au peu de nourriture qu'on lui donne, mais elle se fait toujours remarquer par la finesse de ses os, le peu de longueur, la sécheresse et les petites dimensions de la partie inférieure des membres.

Toutes les vaches de pure race bretonne ont la peau très-fine, souple, libre, recouverte, et un poil fin et lustré; elles ont une allure vive et décidée, un caractère doux et agréable.

La vache bretonne est surtout remarquable par la grande quantité de lait qu'elle donne comparativement à la nourriture qu'elle consomme, et on peut dire qu'elle fournit le lait le plus riche en beurre et le meilleur que l'on connaisse.

Le taureau de pure race bretonne est ordinairement bien musclé, de la taille de 1 mètre 10 à 1 mètre 16 centimètres; il a la tête courte, le front large, l'œil vif, les cornes courtes, parfois blanches, d'autre fois noires et courbées en avant, et présente un beau chignon. Son encolure courte devient forte et rouée à partir de l'âge de deux ans; il a peu de fanon, le poitrail large, les épaules bien charnues, la côte ronde et bien descendue, et de même que la vache, il ne présente point en arrière de l'épaule de dépression annonçant une diminution de la capacité de la poitrine. Il a le garrot, le dos et les reins larges, et sur la même ligne que la croupe; le ventre est ordinairement peu développé, le corps paraît cylindrique, les épaules, la croupe et les cuisses sont bien charnues; la partie inférieure des membres en est fine, les pieds petits et durs. Les taureaux présentent le même pelage que les vaches; ils ont les allures fières, sont rarement méchants, et peuvent pour la plupart être considérés comme propres à l'engrais, parce qu'ils ont la peau mince, souple et très-détachée, et d'après le système Guénon, en outre comme très-laitiers.

Cette petite race bretonne fournit des bœufs qui sont bien plus grands et plus forts que les vaches; il y en a qui ont la taille de 1 mètre 30 et quelques centimètres. C'est avec ces animaux que les fermiers bretons tracent les sillons dans les champs qui sont mis en culture; c'est avec eux qu'on défriche les landes arides de la Bretagne; enfin ce sont ces bœufs bretons qui fournissent cette viande entrelardée, à grain fin et si savoureuse, qui est tant recherchée par les Anglais. Outre cette petite race bretonne, on rencontre du côté de Quimper la même race, plus grande, plus forte, ayant les mêmes qualités; elle doit les modifications qu'elle présente à l'influence d'une nourriture plus abondante et plus substantielle.

L'espèce bovine de l'arrondissement de Rennes était autrefois celle dont je viens de donner la description; il y en avait de petite taille et de taille plus élevée, suivant l'état cultural des communes.

Elle présente de nos jours une grande différence. On l'a améliorée, dit-on, parce qu'elle a été grandie. Voyons si les résultats qui ont été obtenus sont conformes aux intentions, et si les moyens employés ont été ceux auxquels on devait avoir recours.

De ce que l'espèce bovine de l'arrondissement soit plus grande et plus forte que la pure race bretonne, il ne faut pas croire que cela soit seulement dû à des soins mieux entendus, ou à une nourriture plus abondante et plus substantielle.

L'ancienne race bretonne a été croisée avec la normande, puis avec la nantaise ; depuis, les métis ont été croisés avec la suisse, la durham et celle d'Ayr.

Les types provenant de l'alliance de la vache bretonne avec la race normande sont nombreux dans l'arrondissement de Rennes; on les reconnaît ordinairement à la robe couleur froment non doré, avec le dessous du ventre blanc, des balzanes, une marque en tête, et parfois quelques raies noires sur le corps, qui est alezan.

La taille est de 1 mètre 30 à 40 centimètres; la tête est grosse, les cornes sont fortes, longues, recourbées en avant et en relevant. Elles sont généralement d'un blanc sale. L'encolure est plus épaisse et plus longue que chez la bretonne de pure race; le garrot est mince, les épaules sèches, le poitrail étroit. Plusieurs ont la poitrine sanglée, serrée vis-à-vis des coudes, le dos droit, saillant, les reins longs, bas et étroits, les flancs souvent creux, le ventre volumineux, les hanches assez larges, très-saillantes, la croupe haute, décharnée, souvent étroite à sa partie postérieure; la queue est attachée haut et décrit une courbe en contre-haut à sa base. Les bêtes de cette race ont les cuisses plates, et, de même que dans les avant-bras, les muscles sont émaciés; les os des membres sont minces, le pied moyen; le pis est gros, avec des trayons longs, bien développés, souvent pourvus de verrues. Plusieurs sont bien marquées pour le lait, ont la peau fine, souple et libre; mais elle paraît collée aux os sur les sujets qui ont eu trop de misère.

Dans cette race, les taureaux deviennent beaucoup plus forts que les vaches, et présentent les mêmes défectuosités qu'elles.

Il arrive fréquemment qu'avec un taureau du pays, de robe pie-alezan, et une vache de la même couleur, on obtient des produits plus minces, plus étriqués, de couleur alezan bigarée de noire. Alors ils tiennent beaucoup plus du normand dégénéré que du breton.

Eu égard à ce que les types du pays alliés ensemble ne se reproduisent pas exactement avec tous leurs caractères, on peut se refuser d'admettre qu'ils forment une véritable race; ils sont très-répandus. Nous aurons occasion de les voir figurer dans plusieurs concours en dehors de l'arrondissement.

On peut reprocher à la bretonne-normande d'avoir les formes trop anguleuses, la tête trop forte, la poitrine étroite, les reins bas, la croupe haute, étroite à sa partie postérieure; d'avoir la queue mal attachée, de ne pas être assez musculeuse : c'est ce qui fait dire à plusieurs agriculteurs que c'est une grande mangeuse sans profit.

De ce que quelques-uns de ces reproches soient fondés, il ne faut pas en conclure que se soit un mauvais croisement. Il est vrai de dire qu'il en est un grand nombre à formes décousues, toujours vilaines dans l'acception du mot, qui seraient très-difficiles à engraisser; mais, lorsqu'elles sont bien soignées, il en est beaucoup qui paient la nourriture qu'on leur donne. En général, celles qui se rapprochent le plus par leur conformation de la race bretonne du Morbihan sont meilleures que celles qui ont trop de normand.

Cette race donne pendant un certain temps de 8 à 10 litres de lait par jour. On cite quelques vaches qui en rendent de 14 à 16 litres, mais elles sont assez rares.

Le lait fourni par cette race est très-butireux, car il n'en faut pas plus de 16 à 25 litres pour faire 1 kilogramme de beurre.

En résumé, en croisant la race bretonne avec la normande, on l'a grandie, rendue défectueuse, plus exigeante, mais on ne l'a pas améliorée.

La bretonne-normande a été croisée avec la nantaise, afin de diminuer ses formes anguleuses et la rendre meilleure pour le travail.

Ce qui a donné l'idée de ce croisement, c'est l'introduction dans le pays de bœufs des races nantaise et choletaise.

Cette alliance a produit, dans l'arrondissement de Rennes, une sous-variété ayant la tête plus forte, de grosses cornes, une encolure épaisse, le garrot un peu plus rond, les épaules courtes, la poitrine moins profonde, avec plus de taille, parce qu'elle a les membres plus longs, le ventre levretté, les hanches rondes, moins écartées, la croupe étroite, la queue grosse. Il faut ajouter, en outre, qu'elle est moins bien marquée pour le lait, qu'elle a le pis parfois charnu, les os plus volumineux, les pieds plus grands. Cette sous-race se reconnaît encore à sa couleur toujours alezan pâle, avec flancs et fesses lavés, sans jamais être bronzés, et elle a en général la peau très-épaisse et collée.

En croisant la bretonne-normande avec la nantaise, on a obtenu des animaux ayant les os plus volumineux, plus de taille, moins laitiers. Si, parce qu'ils avaient des formes plus arrondies, on a pu croire qu'ils exigeraient moins de nourriture, on a bientôt reconnu qu'on était dans l'erreur.

On en était là, dans l'arrondissement de Rennes, lorsque des vaches et un taureau suisses de la race Schiwtz y furent introduits.

Propriétaires et fermiers voulurent avoir des produits purs ou croisés provenant de la nouvelle race : les essais furent faits sur une large échelle, et en peu de temps on vit le sang suisse paraître chez un grand nombre de bêtes bovines de l'arrondissement et même du département.

Avec la bretonne-normande, la suisse produisit plus de taille, plus de volume, et par-dessus tout augmenta considérablement le volume des os. On reconnaissait les nouveaux métis à une plus forte tête, pourvue d'une certaine quantité de poils crépus sur le chignon, au cornage rugueux de couleur terreuse, plus court, dirigé sans contour, soit du côté des oreilles ou en avant.

Le sang suisse donna plus d'épaisseur à l'encolure, plus de largeur au garrot, mais, tout en laissant persister la forme sanglée de la poitrine, produisit en outre un grand creux (grave défectuosité) à la partie supérieure de la région des côtes et en arrière de l'épaule. La race suisse ayant augmenté la longueur du corps, un grand nombre furent en-

2

sellés, à reins bas, croupe haute et queue mal attachée. Tous les animaux ayant du sang suisse étaient faciles à reconnaître à la robe uniforme, fauve ou couleur gris ardoisé, suivant qu'ils étaient d'un premier ou d'un second croisement; au mufle noir et à une raie de mulet. Les croisements suisses avaient en outre la peau excessivement épaisse et les pieds plus grands que la race du pays. Tout en reconnaissant que plusieurs vaches de provenance suisse se soient montrées avec le pis plus volumineux, parfois charnu, il est vrai de dire qu'il y en a eu donnant une plus grande quantité de lait que la bretonne-normande.

On a fini par abandonner le croisement suisse, parce qu'il donnait de vilaines bêtes, toujours plus maigres que celles du pays, parce qu'elles étaient plus exigeantes, que leur lait était, disait-on, moins butireux; enfin, les bouchers les estimaient moins.

De ce que ce croisement n'a pas été heureux, il ne faut pas croire que la race de Schiwtz soit mauvaise; car, nourrie abondamment, je l'ai connue très-bonne.

Le 29 avril 1847, M. Bodin eut Walpol, taureau de pur sang durham, né au haras du Pin le 16 août 1845. C'est seulement à partir de cette époque que l'arrondissement de Rennes put tenter ce nouveau croisement.

La race durham fut précédée d'une grande réputation; on pensait que les agriculteurs l'auraient recherchée; mais comme ils étaient encore sous l'influence des déceptions qu'ils avaient éprouvées avec la suisse, il en résulta une certaine défiance qui fut préjudiciable à celle-ci. A l'école d'Agriculture de Rennes, il y a bien eu, pendant quelques années, des reproducteurs durham; mais comme il n'y avait pas de vaches de la même race dans l'arrondissement, il en est résulté que ce croisement n'a pas été suivi ni opéré sur une grande échelle.

Tout en reconnaissant que la race durham eût pu considérablement améliorer les formes de celles de l'arrondissement de Rennes, je suis porté à croire qu'on a bien fait d'y renoncer, ou bien les agriculteurs auraient encore discrédité cette belle et bonne race anglaise.

Il faut convenir que les fermiers sont bien exigeants. Tous désirent avoir de grandes vaches, et ils ne font rien de plus que pour les petites : à la manière dont ils agissent, je crois qu'ils ne seront jamais satisfaits; car on dirait qu'ils veulent de belles et grandes vaches, donnant beaucoup de lait, sans nourriture.

J'ai vu des bêtes, provenant d'un premier croisement, avoir la tête plus fine que celles de Rennes, les cornes plus courtes, l'encolure grêle et courte, le garrot large, les épaules bien placées, la poitrine large, profonde, non sanglée, le dos, les reins et la croupe larges et sur la même ligne, la queue bien attachée, les avant-bras et les cuisses assez musclés, les canons minces, avec de belles marques laitières, et la peau fine et très-libre; mais elles avaient été convenablement élevées.

J'ai également vu des métis de la même race, maigres, chétifs, levrettés, ne rendant pas autant que les autres bêtes du pays placées dans les mêmes conditions.

A en juger par les essais qui ont été faits, il pourrait se faire que les produits croisés durham ne fussent pas aussi rustiques que ceux de l'arrondissement.

Chaque race a sa raison d'être. C'est parce que nous les avons soustraites à certaines influences naturelles qu'elles présentent certaines aptitudes ou particularités; mais elles tendent toujours à revenir à leur type primitif. Or, si nous voulons conserver dans leur état les animaux auxquels nous avons imprimé des modifications, il faut savoir les maintenir sous l'influence des mêmes causes qui les ont produites, ou bien la nature reprend le dessus.

Comment admettre qu'une race quelconque puisse prospérer dans un pays où la production et l'élevage de l'espèce bovine sont encore dans l'enfance, où on a toujours agi sans réflexion pour la première et avec beaucoup trop de parcimonie pour l'autre?

Envers et contre tous, les agriculteurs veulent cependant améliorer la race qu'ils ont, sans penser que cela leur sera impossible tant qu'ils ne prendront pas pour base de toute amélioration la production d'une nourriture convenable et plus considérable.

Enfin, nous voilà arrivés à la race amélioratrice par où on aurait peut-être dû commencer : c'est celle d'Ayr.

C'est encore une race anglaise, qui est comparativement à la durham ce que la pure bretonne est comparée à la grande normande.

En 1853, M. Bodin introduisit dans l'arrondissement de Rennes deux veaux de la race d'Ayr, dont un mâle et une femelle; le premier (Mac-Grégor, né en Écosse en août 1852) a bien réussi, mais on a été obligé de vendre la femelle pour la boucherie.

Depuis près de trois ans, quelques vaches de la race du pays ont été saillies par le taureau d'Ayr : les produits sont encore trop jeunes pour pouvoir positivement les juger; cependant, ils s'annoncent assez favorablement.

Les animaux provenant de ce croisement se reconnaissent à la conformation de la tête, plus fine, plus expressive que les normands-bretons, aux cornes plus courtes, le garrot large, les épaules longues, la poitrine ample et bien descendue, le dos, les reins, la croupe et la queue sur la même ligne que le garrot, les avant-bras bien développés, le gigot bien sorti, les canons minces et les pieds petits; enfin, vus dans leur ensemble, on les trouve généralement bien modelés.

Ces métis ont le poil plus fin, plus long et plus lustré que ceux du pays; la peau, quoique libre, est beaucoup plus épaisse; ils ont de bonnes marques laitières, sont d'un entretien facile, et je suis porté à croire que ce croisement pourra produire de bons effets.

Aujourd'hui, dans l'arrondissement, toute amélioration portant sur l'augmentation de force et de taille de l'espèce bovine n'a aucune chance de réussite, parce qu'elle nécessite une nourriture plus abondante.

S'il est vrai que la race d'Ayr tient beaucoup de celle de Jersey, qu'elle soit même le résultat de croisements opérés avec elle, nous devons beaucoup espérer en l'alliant avec la nôtre, attendu qu'elle possède les qualités de celles de Rennes sans en avoir les défauts.

En résumé, les animaux d'espèce bovine que l'on rencontre dans l'arrondissement de Rennes sont :

1° A l'hospice des aliénés, dans quelques étables d'amateurs, et chez les malheureux maisonniers, la *pure race bretonne ;*

2° Dans toutes les fermes, des produits provenant de la bretonne avec la normande ;

3° Dans près de la moitié des fermes, il y en a de croisement breton-normand avec la nantaise ;

4° Des produits de la bretonne-normande avec la suisse, des croisements ayant du breton, du normand et du nantais avec la suisse ;

5° Il y a quelques bêtes sorties de la bretonne-normande avec la durham, de la bretonne-normande-nantaise avec la durham, de la bretonne-normande-suisse avec la durham, de la bretonne-normande-nantaise-suisse avec la durham ;

6° Enfin, nous voilà à une période de croisement qui va encore introduire un nouveau sang dans nos bêtes bovines, qui sont déjà bien abâtardies : la race d'Ayr va être croisée avec toutes les variétés et sous-variétés que je viens d'énumérer.

Quel en sera le résultat?

Il dépend d'un concours de circonstances très-nombreuses.

Pour qu'une race puisse imprimer des modifications importantes à une autre, il faut qu'elle soit de création plus ancienne qu'elle.

Qui nous garantit que les reproducteurs qui nous viendront d'Ayr seront de race pure? car si un Anglais achetait dans notre arrondissement des reproducteurs, croyant, parce qu'ils se ressemblent beaucoup, qu'ils sont tous de la même race, possèdent les mêmes facultés, il se tromperait grossièrement.

Il y a des espérances, mais avant de se prononcer définitivement, il faut attendre qu'elles soient sanctionnées par l'expérience.

Espèce Ovine.

L'espèce ovine est peu nombreuse dans l'arrondissement de Rennes, comparativement à son importance et à son étendue.

Eu égard aux avantages qu'elle peut présenter aux cultivateurs sous les rapports de sa multiplication, de la toison, du fumier et de la viande, on peut se demander pourquoi on ne la rencontre pas en plus grand nombre dans les exploitations rurales du pays.

J'ai consulté plusieurs agriculteurs à l'effet de connaître les motifs qui les empêchaient d'avoir un certain nombre de bêtes à laine; tous m'ont répondu que ce n'était pas l'usage et qu'ils ne comprenaient pas les bénéfices qu'elles pouvaient produire.

On rencontre bien çà et là quelques brebis dans les fermes, mais il n'y a pas un troupeau

Beaucoup de personnes pensent qu'on ne doit chercher à avoir des bêtes ovines que lorsqu'on jouit d'une certaine étendue de landes, ou qu'on est à proximité de terrains communaux. Voilà des erreurs généralement accréditées, qui nuisent considérablement à la propagation de ce précieux animal.

Le perfectionnement de l'agriculture réclame le concours de l'espèce ovine; c'est aux cultivateurs intelligents qu'il appartient de donner l'exemple. Ils seront bientôt imités par les autres, qui voudront également réaliser des bénéfices.

C'est une voie nouvelle pour l'arrondissement; je sais que l'entretien, la production et l'élevage du mouton sont complètement ignorés de la généralité des cultivateurs, mais ce n'est pas à dire pour cela qu'il ne faut pas l'entreprendre.

Il y a à peine quelques années que quelques fermiers ont fait du colza à titre d'essai, et aujourd'hui tous ceux qui comprennent les avantages que cette culture procure le cultivent sur une grande étendue de leur exploitation.

Tous les agriculteurs de l'arrondissement ont la possibilité d'entretenir cette machine animale qui fournit de la laine, du lait, de la viande de choix et de bon fumier. Pourquoi ne se la procurent-ils pas?

A une époque, on estimait par-dessus tout la toison du mouton; mais aujourd'hui qu'on connaît les moyens de se procurer à l'étranger des laines qui coûtent moins cher que celles produites en France, on recherche de préférence la production de la viande.

Tout d'abord, il n'est pas nécessaire d'avoir recours à des moutons de races étrangères; il y en a dans le département qui sont bien remarquables sous le rapport de leur développement, de leur rusticité, de la viande, de l'abondante toison qu'ils fournissent : il suffit de faire choix parmi ceux-là pour former un petit troupeau qu'on pourra augmenter, suivant les ressources et les besoins, par le croît (naissance des agneaux) seulement.

Les agriculteurs de l'arrondissement de Rennes peuvent bien facilement se procurer de beaux et bons moutons; si celui de Dol était connu de certains amateurs, ils ne manqueraient pas d'en élever beaucoup de cette race.

Quelle routine! Par cela même que le père et le grand-père de l'agriculteur actuel ont pu vivre sans avoir un troupeau de moutons, on n'en élève pas aujourd'hui dans l'arrondissement. Il faut convenir que cette manière de faire est basée sur un bien faux raisonnement, car les conditions qui nous sont faites sont bien différentes.

Dans toutes les exploitations rurales, non-seulement il y a possibilité d'élever avantageusement des moutons, mais il est nécessaire que cette industrie prenne de grands développements.

Je sais bien qu'il y a beaucoup à faire pour l'organisation d'une semblable entreprise, parce qu'elle comporte certaines dispositions, habitudes, connaissances inconnues dans l'arrondissement : c'est au cultivateur intelligent à devenir le premier berger, car il doit se rappeler ce fameux adage : *l'œil du maître engraisse le cheval et double la récolte,* ainsi que le proverbe qui dit : *tant vaut le berger, tant vaut le troupeau.*

Il y a une objection qui pourrait être faite, c'est que les propriétés étant pour la plupart très-divisées, on ne peut entretenir qu'un petit nombre de moutons dans la même exploitation, et comme les gages d'un gardien sont les mêmes, on doit en retirer moins de bénéfices.

Mais cette obligation n'est pas appliquable aux exploitations rurales de l'arrondissement, car tandis que dans certaines contrées on donne 500 fr. à un berger et 300 fr. à son aide, ici le premier domestique de ferme n'a pas le quart de ces appointements.

J'entends déjà les fermiers dire : mais comment nourrir les moutons, puisque d'un autre côté on nous conseille de défricher les landes et de ne plus avoir de jachères?

Rien de plus facile : dans les contrées où on s'occupe de l'entretien de l'espèce ovine, on met ces animaux dans les pâtures, en automne, lorsque les vaches et les bœufs ne peuvent plus y vivre.

Dans cette circonstance, on tire parti d'une certaine quantité de nourriture qui aurait été perdue.

Il n'y a qu'à conduire les moutons dans les champs; ils y trouveront facilement leur nourriture, tandis que les grands animaux y mourraient de faim.

Sous notre climat, le régime du pâturage peut durer toute l'année; cependant, il y a avantage à ne pas conduire les moutons dans les herbages lorsqu'il fait mauvais temps.

Il ne faut pas oublier que les bêtes à laine se nourrissent des mêmes aliments que l'espèce bovine, et qu'il suffit de faire des provisions de la même nature pour pouvoir entretenir convenablement les unes et les autres.

Il y a des pays où l'on fait des pâturages artificiels exprès pour les faire pâturer dès la première année par les moutons: pourquoi un pareil système n'entrerait-il pas dans nos assolements?

Au commencement d'avril, dans un hectare, on peut bien semer avec de l'orge les graines suivantes :

Trèfle blanc................	20 kilog.
Id. commun.............	1 — 1/2
Lupuline..................	4 —
Persil.....................	1 — 1/2
Ray-grass	1 boisseau.

En employant d'autres semences, il est facile d'avoir des herbages pendant toute l'année, et par ce moyen on peut bien entretenir dans chaque ferme un troupeau plus ou moins considérable de moutons.

Généralement, on croit qu'il n'en coûte pas plus pour bien nourrir dix brebis, au pâturage ou à l'étable, qu'une vache laitière, et il est reconnu que les premières prospèrent là où la dernière ne peut vivre.

Ces bêtes à laine peuvent être nourries avec des foins fauchés avant leur maturité (regains), ou avec des légumineuses dans les mêmes conditions; elles mangent les pailles d'avoine, de millet, de froment, le foin de trèfle et de luzerne.

On peut encore avoir recours à un usage ancien, qui consiste à faire consommer des feuilles sèches provenant du frêne, du cerisier ou de l'ormeau. Il ne faudrait cependant pas nourrir exclusivement les moutons avec des fourrages secs, car, de même qu'à l'espèce bovine, il leur faut toujours une certaine quantité d'aliments contenant de l'eau de végétation. Pendant l'hiver, les bêtes ovines se trouvent très-bien de l'usage des betteraves, des carottes, des topinambours et des pommes de terre ; elles aiment bien l'avoine, l'orge, les pois, les féverolles, les graines de genêt et les tourteaux. Puisqu'on emploie souvent le gland pour la nourriture de ces animaux, il serait bien facile de s'en procurer dans l'arrondissement de Rennes : non-seulement on rencontre dans cet arrondissement tous les aliments qui conviennent à l'espèce ovine, mais j'ajouterai qu'il y en a qu'on n'utilise pas, qui seraient très-profitables à ces animaux.

D'après les expériences qui ont été faites, il suffit d'un kilogramme de bon foin, ou son équivalent, pour bien nourrir un mouton pendant vingt-quatre heures.

Dans les pays de bonne culture, on tend de plus en plus à diminuer l'étendue des pâturages; dans ceux où la propriété est très-divisée, on en fait autant : pourquoi les agriculteurs du département ne le feraient-ils pas? L'entretien du mouton à la bergerie présente des avantages dans un grand nombre de circonstances. On suit ce système dans les départements de l'Oise, de Seine-et-Oise, de l'Eure, de la Seine-Inférieure, de l'Aisne, en Saxe et en Italie.

Conseiller le parcage des moutons, quoique cette pratique soit simple et facile, serait peut-être vouloir introduire une innovation dont l'incertitude du succès pourrait être préjudiciable à leur multiplication.

Si quelques cultivateurs craignent de ne pas avoir, dès la première année, assez de nourriture pour soumettre les moutons à la stabulation permanente, ils peuvent avoir recours au système mixte, qui consiste à les entretenir en partie à la pâture et en partie à la bergerie.

Étant bien démontré que l'arrondissement de Rennes

possède tous les éléments nécessaires pour nourrir convenablement les moutons, il faut espérer que les agriculteurs intelligents ne se contenteront plus d'en avoir un ou deux comme échantillon; à l'avenir, ils en auront un petit troupeau, afin de profiter de tous les avantages et bénéfices que ces animaux procurent.

Espèce Porcine.

Le porc se rencontre dans toutes les fermes de l'arrondissement de Rennes, mais en petit nombre et avec une conformation défectueuse.

Chercher à démontrer l'utilité de cet animal sous le rapport de la viande qu'il fournit à toutes les classes de la société, principalement à celle des agriculteurs, serait chose inutile, car tout le monde est d'accord sur ce sujet. Dans l'arrondissement de Rennes, on élève un ou deux porcs par exploitation agricole, mais on peut dire qu'il n'en est produit qu'un nombre très-restreint.

Les fermiers ont l'habitude d'acheter des porcs de l'âge de trois à six mois, provenant de l'arrondissement de Redon ou du département du Morbihan; ils les nourrissent jusqu'à dix-huit mois ou deux ans, en tuent pour satisfaire à leurs besoins, et en vendent parfois qui sont à demi-gras.

Il est à remarquer qu'ils achètent toujours très-cher, qu'ils les vendent proportionnellement moins bien lorsqu'ils ont acquis leur développement, et qu'un pareil système leur est plutôt onéreux que lucratif.

Ils prétendent qu'ils élèvent un ou deux porcs par ferme sans s'en apercevoir, et ils considèrent comme bénéfice ceux qu'ils destinent à leur consommation.

S'il est un pays dans lequel il y ait avantage à s'occuper en grand de la production et de l'élevage de l'espèce porcine, c'est à coup sûr celui où la principale industrie des exploitations agricoles consiste dans la fabrication du beurre.

Lorsqu'on demande à un fermier de l'arrondissement de Rennes pourquoi il ne possède qu'un ou deux porcs; quel est le motif qui l'empêche d'avoir des truies portières, il répond : ce n'est pas l'habitude.

Une semblable réponse est vraiment effrayante pour le présent et pour l'avenir.

Comment, parce que ce n'est pas l'habitude, l'agriculteur intelligent n'adoptera pas l'usage d'un instrument perfectionné, la mise en pratique d'une bonne méthode culturale ! Mais il faut convenir qu'il est bien routinier; son père l'était moins, car il lui a fait apprendre à lire et à écrire, tandis qu'il ne le savait pas lui-même.

On entend dire tous les jours que le prix de la viande est trop élevé, et ceux qui sont en position de la rendre plus facilement accessible à la classe pauvre ne font rien pour y arriver.

Est-il un animal dont la production et l'élevage soient plus faciles et plus lucratifs que le porc, dans les exploitations rurales surtout ? Évidemment non.

L'agriculteur ne peut prétexter le manque de nourriture pour pouvoir entretenir un plus grand nombre d'animaux de cette espèce; il est bien reconnu qu'il en a suffisamment, mais il n'en tire pas un bon parti.

Dans toutes les fermes on peut avoir du trèfle, de l'herbe, des pommes de terre, des carottes, des topinambours, du lait écrémé, des glands, des grains, du son, parfois de la viande, etc., etc.; le porc mange de tout cela et boit l'eau de vaisselle.

Cet animal mange de tout, les choses les plus sales, dégoûtantes même; il jouit de la faculté de les tranformer en lard et en bonne viande.

Le plus grand nombre d'agriculteurs ne mangent d'autre viande que celle provenant du porc; il faut convenir que, s'ils le trouvent bon après sa mort, ils ne paraissent guère l'estimer de son vivant.

Outre les qualités que je viens d'énumérer, il jouit d'une fécondité telle que la femelle peut donner deux portées par an. Enfin, la production porcine est tellement avantageuse que, par des calculs, on est parvenu à démontrer qu'une seule truie pouvait être représentée par six millions de descendants après la dixième génération.

Lorsqu'on pense à la faculté reproductrice du cochon et qu'on voit la viande de cet animal achetée plus de 80 c. le demi-kilo par les fermiers de l'arrondissement de Rennes, on ne peut s'empêcher de blâmer la cause de cette cherté.

Il est à remarquer que, dans la circonstance, ce sont les coupables qui sont les premiers punis. Mais il est déplorable de voir que les innocents supportent les funestes effets des fautes qui ne sauraient leur être imputées, puisqu'elles ne peuvent être attribuées qu'à une classe d'hommes, c'est celle des agriculteurs.

Non-seulement les exploitations rurales de l'arrondissement n'ont pas un nombre suffisant de cochons, mais la race qu'elles ont est une de celles qui présentent le moins d'avantages à élever.

Ceux que cet arrondissement produit, de même que ceux qui y sont importés, ont la tête forte et longue, les oreilles de moyenne grandeur, le plus souvent minces, parfois épaisses, le cou court et grêle, le poitrail serré, le garrot étroit, les épaules maigres, la côte plate, le dos et les reins peu larges et voûtés, quelques-uns ont ces régions longues, la croupe est étroite, élevée à sa partie antérieure, la queue grosse, pendante et pourvue d'une grande quantité de poils à sa partie inférieure. Tous sont levrettés, ont les flancs creux, les jambes longues, grosses, sèches, et de taille élevée.

En résumé, cette race est remarquable par sa conformation, qui la rend propre à la course et difficile à engraisser; c'est-à-dire qu'elle possède exactement les aptitudes opposées à celles que l'on doit rencontrer chez un bon porc domestique.

On peut reprocher à cette race de se développer lentement, car il faut l'attendre jusqu'à deux ans et demi; de prendre lentement et difficilement la graisse, attendu qu'on ne parvient à la mettre un peu en état qu'à un âge très-avancé; et malgré la grande quantité de nourriture qu'on lui donne, on ne parvient jamais à l'engraisser convenablement.

Jusqu'à un certain point, on pourrait peut-être croire que les agriculteurs ne s'occupent pas de la production et de l'élevage en grand de cet animal, parce qu'ils ont reconnu que la race était mauvaise, c'est-à-dire trop exigeante et comparativement peu lucrative; mais du moment qu'il est bien constaté qu'aucun essai n'a encore été tenté pour l'améliorer, on ne peut attribuer qu'à une mauvaise routine et à l'incurie l'état dans lequel nous la trouvons aujourd'hui.

Il faut que les fermiers soient bien convaincus qu'il existe des races de porcs, très-précoces, qui sont d'un entretien bien moins dispendieux que celles qu'ils ont, qui jouissent de la faculté de s'engraisser promptement, facilement, et peuvent par conséquent leur donner plus de profit.

Je sais bien que tous les cultivateurs du pays ont une certaine répugnance pour les cochons à jambes courtes, que leur lard ne se conserve pas bien, que vouloir immédiatement remplacer leur race par celle-là serait tenter une entreprise bien incertaine; mais il me semble qu'en leur faisant quelques concessions, on pourrait peut-être les diriger dans une bonne voie.

Du moment qu'ils seront bien convaincus que les cochons peuvent leur procurer de grands bénéfices, il n'y aura plus qu'un pas à faire et le succès sera assuré; en accordant de fortes primes aux fermiers qui feront saillir leurs truies du pays par des verrats new-leicester, et à ceux qui élèveront des produits provenant de ce croisement, on est certain de réussir.

Aussitôt qu'ils auront reconnu la supériorité des cochons

croisés anglais, ils ne s'en tiendront pas là, ils voudront essayer de ceux de pure race.

En résumé, quoique l'arrondissement de Rennes soit dans des conditions favorables, son agriculture laisse encore beaucoup à désirer : les fermiers ne bénéficient pas en élevant le cheval ; ils ont besoin d'un plus grand nombre d'animaux des espèces bovine, ovine et porcine, de bonnes races pour pouvoir atteindre le degré de prospérité que réclame l'état actuel de la société.

CANTONS DE L'ARRONDISSEMENT DE RENNES.

Cet arrondissement est divisé en dix cantons ayant chacun un Comice agricole, dans le but de faire connaître aux agriculteurs les avantages des instruments perfectionnés, des bonnes méthodes culturales, des bonnes races d'animaux, et l'estime que l'on accorde aux bons serviteurs ruraux.

Chaque Comice donne un concours annuel auquel sont conviés tous les agriculteurs du canton ; c'est une véritable fête agricole d'une grande utilité, où on voit les laboureurs lutter d'adresse, un grand nombre d'animaux d'espèces et races diverses mis en parallèle, où l'on peut puiser de bons enseignements, et dans laquelle on récompense les plus méritants.

Dans l'exposé que je vais faire, si l'amour-propre de quelques cultivateurs ne se trouve pas bien satisfait, j'espère qu'ils ne m'en sauront pas mauvais gré, parce que je n'ai en vue que leurs propres intérêts.

CANTON NORD-OUEST DE RENNES.

Ce canton comprend les communes de Pacé et de Parthenay ; en 1854 et 1855, c'est à Pacé que le concours du Comice agricole a eu lieu.

Espèce Chevaline.

On ne rencontre pas de juments poulinières chez les cultivateurs du canton ; ils ont l'habitude d'acheter des poulains qu'ils revendent à l'âge de trois à quatre ans. Les travaux des exploitations rurales sont exécutés pour la plupart au moyen des chevaux ; ce n'est que dans quelques-unes qu'on rencontre des bœufs devant lesquels on a la mauvaise habitude d'atteler des chevaux. Je reconnais qu'un cheval placé devant une ou deux paires de bœufs peut servir à accélérer la marche et guider ces derniers ; mais comme ces deux espèces d'animaux ne vont pas du même pied, ne tirent pas de la même manière, il en résulte que le cheval fatigue beaucoup et en pure perte sous tous les rapports.

Les chevaux du canton sont de race bretonne, de gros trait ou de trait léger, entiers, sous poil gris. Le pommelé est le plus estimé. Ils ont la tête courte, camuse, l'auge et les ganaches un peu empâtées, l'œil petit, les oreilles courtes, l'encolure un peu rouée, courte, forte et pourvue d'une abondante crinière. Le garrot est parfois bas, un peu ampâté, les épaules courtes, droites, charnues, le poitrail ample, le dos quelquefois en contre-bas, les reins souvent doubles, courts, un peu bas ; les hanches sont arrondies, la croupe courte, assez large et souvent avalée.

Ces chevaux ont le ventre gros, les cuisses bien musclées, les avant-bras et les jambes courts, grêles ; les articulations des genoux, des jarrets et des boulets un peu étroites, empâtées ; les canons n'ont pas assez de largeur, et la partie inférieure des membres est ordinairement pourvue d'une grande quantité de poils gros et longs. Les pieds sont de moyenne grandeur, la corne en est bonne, ils sont rarement plats, mais plusieurs manquent de talons.

Il n'y a qu'un très-petit nombre d'exploitations rurales à avoir des écuries convenables ; on peut leur reprocher d'être trop petites, malpropres, de manquer d'air et d'avoir le sol beaucoup trop en pente.

Les chevaux sont nourris pendant l'hiver avec du foin à discrétion, quelques grains d'avoine lorsqu'ils font des travaux pénibles, et pendant les autres saisons on les met dans des prairies ou des jachères où on a semé des genets, et on leur donne du vert à l'écurie.

Il y a des cultivateurs qui ont la mauvaise habitude de laisser leurs chevaux dans les pâturages pendant des nuits entières; plusieurs y contractent des maladies graves, surtout lorsqu'ils y sont mis après de pénibles travaux faits pendant le jour, et quelques-uns sont la proie des voleurs. Les chevaux sont ferrés trop jeunes, on les met à travailler trop vite, et à partir de l'âge de trois ans on les conduit à toutes les foires de Rennes, qui ont lieu le premier de chaque mois.

Ce canton fournit des chevaux dont les éleveurs ne connaissent que rarement les qualités, parce qu'ils les vendent jeunes et ne les nourrissent pas convenablement; mais lorsqu'ils tombent chez de bons nourrisseurs, ils rendent de grands services.

Pour remédier aux inconvénients que je viens de signaler, si les agriculteurs veulent continuer à élever le cheval, il faut qu'ils aient de bonnes écuries, bien tenues, qu'ils donnent moins de foin, plus d'avoine, qu'ils pansent mieux leurs élèves, les fassent ferrer plus tard, travailler moins jeunes, ne les laissent pas passer la nuit dans les pâturages, surtout lorsqu'il fait froid, et les conduisent moins souvent à la foire, afin de ne pas dépenser inutilement leur temps et leur argent.

Espèce Bovine.

L'espèce bovine se rencontre en grand nombre chez tous les cultivateurs du canton Nord-Ouest de Rennes, parce qu'ils tiennent beaucoup à la production du beurre. Elle est de race bretonne croisée normande; il y en a ayant beaucoup de sang cotentin; on en voit ayant du breton, du normand et du sang suisse; un très-petit nombre a du sang durham, et la pure race bretonne y est rare.

Les vaches de cette contrée sont généralement de couleur froment, plusieurs ont le dessous du ventre blanc et sont marquées de la même couleur au front; leur taille varie de 1 mètre 20 à 1 mètre 40 centimètres; il y en a beaucoup de 1 mètre 30.

Aux derniers concours du Comice agricole, il y avait des vaches et des génisses : j'ai remarqué que parmi les premières un grand nombre présentaient les caractères laitiers indiqués par M. Guénon, tandis que dans les génisses il n'y en avait pas une bien marquée pour le lait.

Parmi les taureaux présentés dans les mêmes concours, il y en avait un de pure race bretonne, appartenant à M. Hatais, fermier à la Glaistière; les autres étaient des croisés bretons-normands, des bretons-normands-suisses, des bretons-normands-suisses-durham. Le pur breton présentait les caractères laitiers; ceux chez lesquels le sang suisse paraissait dominer étaient également de bonnes marques laitières, mais les autres laissaient beaucoup à désirer sous ce rapport.

Dans ce canton, de même que dans tous les autres du département, j'ai constaté que plus les animaux d'espèce bovine se rapprochaient de la pure race bretonne, plus les caractères indiquant la production laitière et la qualité beurrière étaient développés.

Tandis qu'au dernier concours on n'a rencontré qu'une seule génisse réunissant les conditions imposées par le programme, il y avait un certain nombre de vaches les présentant. Ce fait n'est-il pas suffisant pour démontrer qu'en abâtardissant la race bretonne on réduit de plus en plus ses qualités laitières?

Pour ce qui est des reproducteurs mâles, le plus laitier, le plus remarquable de tous était de pure race bretonne; aussi, le jury chargé de désigner les animaux à primer fut-il d'avis qu'il eût le premier prix.

Une erreur généralement répandue dans nos campagnes, c'est de croire que plus le taureau sera fort, meilleur sera le produit; c'est en agissant de la sorte qu'on est parvenu à obtenir des génisses très-décousues, très-exigeantes, et ne possédant pas les qualités laitières que l'on estime tant dans le pays.

Grand nombre d'agriculteurs se plaignent que toutes leurs vaches avortent; il y en a plusieurs qui tombent paralysées : en employant de grands et forts taureaux pour des vaches petites, minces et étriquées, cela suffit pour occasionner de pareils accidents.

Les étables sont généralement petites, peu aérées, malpropres; les pansages ne sont jamais employés; grand nombre de cultivateurs ne font rien pour améliorer ces fâcheuses conditions. Il est cependant bien démontré que des vaches bien logées, convenablement pansées, jouissent d'une meilleure santé, donnent une plus grande quantité de lait et de bonne qualité. On entend souvent la fermière se plaindre que ses vaches ne lui rendent pas suffisamment de lait; c'est surtout pendant l'hiver qu'elle tient ce langage.

Dans le plus grand nombre d'exploitations rurales, les femmes seules s'occupent des soins, de la nourriture des vaches, de la préparation, de la vente du beurre, et du jardinage.

Les hommes s'occupent de la culture des champs, des soins des chevaux, des bœufs s'il y en a, de la vente des produits du sol, de la vente et de l'achat des chevaux, bœufs et vaches.

De ce que les cultivateurs ne suivent pas les vaches d'aussi près que les femmes, il résulte qu'il y a un plus grand nombre de ces dernières plus capables d'apprécier les qualités et les besoins de ces animaux que les hommes.

Le fermier n'ayant pas les connaissances nécessaires pour savoir à l'avance la quantité de nourriture dont il aura besoin pour l'entretien d'un nombre déterminé de vaches pendant l'hiver, il arrive toujours qu'il n'en a pas assez; c'est alors que la femme fait des reproches au mari, traite ses vaches d'ingrates parce qu'elles ne donnent que très-peu ou point de lait, et à la fin de l'hiver on voit ces pauvres animaux considérablement amaigris.

Aux agriculteurs qui ont le désir de bien faire, je crois devoir conseiller de faire des démarches près de leur propriétaire, afin d'obtenir des étables plus vastes et mieux disposées.

Si à une époque certains propriétaires ont refusé de faire des réparations *utiles* à leurs constructions rurales, il n'en est pas de même aujourd'hui : d'abord, par humanité pour leurs fermiers, puis reconnaissant les grands avantages qui en résultent, ils font généralement leur possible pour les améliorer. Je dirai en outre aux agriculteurs qu'ils n'ont pas assez de fourrages pour bien nourrir, pendant toute l'année, le bétail qu'ils possèdent; ils comptent trop sur leurs pâturages; il faut qu'ils cultivent une plus grande étendue de plantes sarclées, de prairies artificielles, et les vaches leur paieront amplement le prix de ces cultures.

Pour améliorer l'espèce bovine du canton, il n'est pas nécessaire de chercher à la grandir.

Ce sont les vaches qui produiront le plus de lait butireux qui pourront être facilement vendues dans le pays; si elles sont d'un entretien peu dispendieux et en rapport avec la production du sol, ce seront les meilleures. Voilà les vaches qui conviennent le mieux dans le canton.

J'ai vu des produits provenant d'un taureau de pure race bretonne avec la race bretonne-normande, d'autres avec la bretonne-normande-suisse; je puis affirmer qu'ils sont très-beaux de formes, annoncent de grandes qualités, et je crois qu'ils répondront aux besoins du canton.

Je suis porté à croire que, eu égard à l'état de culture, le croisement durham ne convient pas dans ce canton.

En résumé, le meilleur moyen d'améliorer l'espèce bovine des communes de Pacé et de Parthenay est d'avoir des taureaux de pure race bretonne.

Espèce Porcine.

Dans toutes les fermes du canton, on élève quelques porcs de la race bretonne; mais il n'y a qu'un très-petit nombre de truies portières. Il faut croire que les fermiers ne connaissent pas les avantages que présente la production de l'espèce porcine; sans cela ils s'occuperaient de cette branche de l'industrie rurale.

Aux concours du Comice agricole du canton Nord-Ouest de Rennes, il ne devait pas être accordé de primes aux animaux de l'espèce porcine; aussi n'y avait-il que ceux exposés en vente à la foire de Pacé.

S'il est une contrée où on puisse s'occuper avantageusement de la production de l'espèce porcine, c'est bien certainement dans les communes de Pacé et de Parthenay; car la principale industrie des agriculteurs consiste dans la vente du beurre.

Aujourd'hui que la viande de porc devient de plus en plus rare, qu'elle est cotée à un prix plus élevé que toutes les autres, il est étonnant que les agriculteurs intelligents ne cherchent pas à en augmenter la quantité, puisqu'il y va de leurs intérêts.

Une truie peut faire trois portées par an : supposons qu'on ne lui en fasse faire que deux. Il y en a qui produisent dix et douze petits à chaque fois; au lieu de prendre le nombre trente, admettons seulement celui de quatorze par an : à l'âge d'un mois, douze cochons, à 50 fr. la paire, produisent 300 fr., plus une paire pour les besoins de la ferme.

Existe-t-il un animal, dans une exploitation rurale, qui rapporte autant de bénéfices qu'une truie portière? Certainement non.

Je sais qu'il est parfois très-difficile d'introduire des innovations dans les campagnes; aussi n'ai-je pas l'intention de détourner les agriculteurs des habitudes qu'ils ont d'avoir des vaches pour en tirer du beurre, attendu qu'elles servent en outre à transformer les fourrages en fumier, et que ce dernier élément de l'agriculture est bien loin d'être suffisant pour l'étendue des terres mises en culture. D'après ce que j'ai observé, je doute qu'en moyenne les vaches de ce canton produisent plus de 100 fr. par an en beurre.

Quelle énorme différence! Une truie coûte moins à nourrir dans le plus grand nombre de circonstances, et elle peut produire 300 fr. par an!

Non-seulement les cultivateurs négligent leurs intérêts en ne s'occupant pas de la production de l'espèce porcine, mais encore ils élèvent des sujets qui leur reviennent à beaucoup plus cher que ceux provenant de races améliorées.

Ce qui coûte le plus à nourrir dans un animal, ce n'est pas la viande ni la graisse, ce sont les os; or, plus un cochon a les os gros, plus il lui faut de nourriture comparativement à un autre cochon qui a les os beaucoup plus minces.

On considère qu'une race porcine est améliorée, parce qu'on est parvenu à réduire considérablement le volume des os, tout en lui conservant les dispositions de l'espèce qui la portent à manger de tout.

Quoique les marchands de lard estiment plus, à poids égal, un cochon anglais qu'un de race bretonne, je ne crois pas devoir conseiller aux agriculteurs de répudier leur mauvaise race pour la remplacer par une autre à courtes jambes, parce que je sais qu'ils ont une certaine répugnance pour cette dernière, et qu'il me serait impossible de vaincre leur opiniâtreté à cet égard.

Mais il y a un essai dont le succès peut être assuré, c'est

de croiser la race du pays avec l'anglaise. Les produits qui en résultent ont la taille de la race bretonne; ils ont seulement le système osseux beaucoup plus mince, le corps plus gros et descendu, et rendent plus de lard et de chair, avec la même quantité de nourriture, que ceux de la race du pays; ils ont en outre l'avantage d'une plus grande précocité.

Que les cultivateurs aient recours à ce croisement, et dans peu de temps ils ne voudront plus avoir que la race à courtes jambes et longue de corps.

En résumé, eu égard aux avantages que les cultivateurs peuvent retirer de la production de l'espèce porcine, il est à désirer qu'il y ait deux ou trois truies portières par chaque ferme. Pour avoir des cochons précoces, peu exigeants et faciles à élever, il faut qu'on ait recours au verrat de race anglaise.

Espèce Ovine.

Dans le canton Nord-Ouest de Rennes, autant vaut-il dire qu'il n'y a pas de moutons, car si on en rencontre un ou deux par chaque exploitation agricole d'une certaine étendue, c'est tout au plus. De ce que l'espèce ovine de race commune ne présente pas autant d'avantages que celle à laine fine, il ne faut pas croire qu'elle doive être dédaignée des agriculteurs; aujourd'hui que sa viande se vend si cher, dans une ferme bien tenue, elle pourrait procurer de grands bénéfices. Mais ce n'est pas l'usage du pays, et il sera difficile de pouvoir le modifier pendant la génération actuelle.

Telles sont les améliorations que réclame présentement le canton Nord-Ouest de Rennes. Elles sont faciles, puisqu'elles ne nécessitent pas de déboursés; pour les obtenir, les agriculteurs ont à leur disposition tous les éléments pour bien faire; il ne leur manque qu'une chose, c'est la bonne volonté.

CANTON NORD-EST DE RENNES.

Dans ce canton sont comprises les communes de Betton, La Chapelle-des-Fougerets, Gevezé, Montgermont, Montreuil-le-Gast, Saint-Grégoire, Thorigné, et le côté Nord-Est de Rennes.

C'est en 1855 que le Comice agricole de ce canton a été organisé, et son premier concours a eu lieu à Saint-Grégoire.

Un Comice agricole aux portes de Rennes est d'une aussi grande utilité que dans les communes éloignées du chef-lieu : d'abord, parce que les agriculteurs ont également besoin d'apprendre les meilleures méthodes culturales, les bons moyens pour la production et l'élevage des diverses espèces animales; ensuite, pour attirer l'attention de certaines classes de la Société, qui disposent des puissants leviers qui font prospérer l'agriculture. Oui, à la fête agricole de Saint-Grégoire, grand nombre de personnes ont été fort surprises, parce qu'elles n'avaient pas encore vu de concours de Comice; les propriétaires étaient satisfaits de voir les vieux domestiques de ferme honorablement récompensés, de voir leurs fermiers primés, soit pour une bonne culture, soit pour un animal remarquable.

Espèce Chevaline.

Dans les exploitations agricoles du canton Nord-Est de Rennes, on ne produit pas le cheval; aussi n'y a-t-il qu'un bien petit nombre de juments : les travaux sont faits à l'aide de chevaux entiers, âgés d'un an à trois ou quatre ans; on se sert également des bœufs, mais seulement dans quelques fermes. Les chevaux qu'on rencontre dans ce canton sont de race bretonne, achetés, de même que ceux des communes de Pacé et de Parthenay, à l'âge de six mois ou un an, également conformés, élevés, logés et nourris, ayant les mêmes qualités et étant sujets aux mêmes maladies. Les fermiers ont ordinairement de deux à quatre chevaux ; ils en conduisent à presque toutes les foires de Rennes et à celles des environs, de sorte que la plupart doivent plutôt être considérés comme des marchands de chevaux que comme des agriculteurs.

Le programme du Comice agricole avait annoncé des prix pour poulains et pouliches les mieux conformés ; trente-six mâles et deux femelles étaient au concours.

Des prix accordés sans conditions aux agriculteurs qui présentent les meilleurs poulains ne produisent pas toujours les bons effets qu'on aurait droit d'attendre : en effet, quel est le mérite de l'individu qui est récompensé ? C'est celui d'avoir acheté, quelques jours à l'avance, un beau poulain qu'il vendra le lendemain du concours.

Contrairement à la manière de voir de quelques personnes, attendu qu'il n'est pas démontré que l'élevage de l'espèce chevaline soit une source de richesse pour les agriculteurs de l'arrondissement, je crois qu'il n'y a pas avantage à l'encourager d'une manière spéciale. Pourquoi les fermiers qui ne veulent pas avoir des juments poulinières n'ont-ils pas des bœufs pour les travaux des champs ? Je sais bien qu'il y a des personnes très-recommandables qui ne veulent pas que le bœuf soit livré au travail ; cependant, avec des bœufs, quels bons labours ! quelle économie dans le harnachement et la ferrure ! Dans le cas d'accidents, la perte est insignifiante. Outre les avantages que je viens d'énumérer, la nourriture du bœuf coûte moins cher que celle des chevaux, et je crois que si le bœuf était substitué au cheval dans la plupart des fermes, il en résulterait un bien pour la population, parce qu'il rendrait la viande plus facilement accessible aux classes ouvrières.

Espèce Bovine.

L'espèce bovine du canton était représentée au concours par treize taureaux, vingt-cinq génisses et trente vaches.

Dans un grand nombre de fermes de l'arrondissement, on peut compter environ une vache ou génisse par deux hectares; ce n'est pas assez. Il y en a autant dans les communes qui font partie du canton Nord-Est de Rennes; mais encore dans celui-ci, on agit sans discernement sous le rapport de la production, de l'élevage, de la nourriture, du logement et des soins qu'on leur donne. Quelle est la race qui convient le mieux au canton? Les agriculteurs n'ont pas eu la peine de chercher la solution de cette question, car la meilleure preuve qu'ils ne se sont pas fait cette demande, ce sont les variétés de races et de sous-races qu'ils possèdent.

Lors même que l'on a une bonne race, si pendant le jeune âge on ne lui donne pas une nourriture saine et abondante, on peut être assuré de la voir bientôt dégénérer; et lorsqu'on en a une qui laisse un peu à désirer sous le rapport de la taille, des formes et de la précocité, avec des soins et une nourriture substantielle pendant les premiers temps de la vie, on peut également prévenir le développement de ces défectuosités et l'améliorer.

Les étables sont généralement mal disposées, elles manquent d'air, et il faut reconnaître aussi qu'elles sont mal tenues.

Les animaux de l'espèce bovine, les vaches laitières surtout, pour jouir d'une bonne santé et donner beaucoup de lait, ont besoin d'avoir une certaine quantité de nourriture verte, c'est-à-dire contenant de l'eau de végétation. Les agriculteurs sont donc intéressés à cultiver plus en grand les plantes fourragères et sarclées, parce qu'ils ont des vaches pour en tirer du lait.

Parmi les bêtes bovines qui étaient au concours de Saint-Grégoire, il y en avait :

1° De race bretonne croisée normande, chez lesquelles les caractères bretons prédominaient ;

2° De race bretonne croisée normande, dans lesquelles les caractères normands dominaient sous des formes plus exiguës ;

3° Des métisses des précédentes alliances, croisées avec la suisse de Schwitz, ou leurs descendants avec la bretonne-normande, et la bretonne-normande-nantaise ;

4° La pure race bretonne n'était représentée que par un seul sujet, c'était une génisse de deux ans : il y avait un croisement durham.

Les taureaux, les vaches et les génisses provenant de ces diverses alliances laissaient généralement à désirer sous le rapport de la conformation, et il y en avait un grand nombre qui ne présentaient pas les signes indiquant les qualités laitières.

Par les taureaux qui étaient au concours, il était facile de voir que les cultivateurs du canton n'attachent point d'importance à la provenance des reproducteurs, car il y en avait ayant du breton, du normand, du nantais, du suisse, tandis qu'on n'en voyait pas un de pure race,

Depuis nombre d'années on a abâtardi l'espèce bovine de l'arrondissement de Rennes; on continue de plus en plus à le faire, parce que plus on s'éloigne du bon type du pays, moins on est satisfait.

Où veut-on en venir? Quels résultats espère-t-on en mélangeant les sangs breton, normand, nantais, suisse, durham et ayr?

En France, l'anglomanie est à son comble, mais il faut reconnaître que nous faisons fausse route.

En Angleterre, on a tout d'abord commencé par améliorer chaque race par elle-même; puis, toutes les races qui ont été reconnues bonnes ont été conservées pures et sans mélange; celles qui ne possédaient pas les qualités désirées ont été croisées seulement avec une autre race les présentant.

Puisque les Anglais ont réussi à bien faire en agissant de la sorte, pourquoi ne les imiterions-nous pas? Nous sommes dans de bonnes conditions, nous disposons de tous les éléments nécessaires; reconnaissons nos erreurs, imitons les Anglais et le succès est assuré.

En fait d'améliorations, des essais faits au hasard et sur une grande échelle sont toujours onéreux : faire des croisements dans l'espèce bovine, comme cela a lieu dans le canton Nord-Est de Rennes et dans un grand nombre d'autres localités, sans savoir pourquoi, est une cause d'abâtardissement des races et de ruine pour le producteur.

L'expérience ayant démontré que les produits de la race bretonne avec la normande, ceux de la bretonne avec la nantaise, ainsi que ceux provenant de l'alliance des métis de l'un et l'autre croisement, ne présentent pas toutes les qualités que les fermiers désirent; étant également bien reconnu que la race suisse de Schwitz ne modifie pas avantageusement la pure bretonne, la bretonne-normande, la bretonne-nantaise, ni les métis de ces deux croisements, il serait sage d'y renoncer.

Dans les exploitations agricoles du canton, où les produits du taureau durham avec les vaches précédentes n'ont pas été mieux nourris, l'élève de ce croisement n'a pas été satisfaisant.

Après tous ces essais, je suis porté à croire que le meilleur moyen pour améliorer l'espèce bovine du canton, c'est d'avoir recours au taureau de pure race bretonne du Morbihan ou à celui de Quimper, plus fort, présentant les qualités que les agriculteurs recherchent tant. Puisque dans le canton de Saint-Grégoire ce sont les vaches qui ressemblent le plus à la race bretonne grandie qui sont les plus estimées, on est assuré d'obtenir des produits améliorés en ayant recours aux taureaux bretons.

Espèce Porcine.

Dans le canton Nord-Est de Rennes, on n'apprécie pas à sa juste valeur la production de l'espèce porcine, aussi n'y avait-il qu'une seule truie de la race du pays au concours de Saint-Grégoire. Tout ce que j'ai dit à ce sujet pour le canton Nord-Ouest de Rennes est applicable à celui-ci.

Espèce Ovine.

Dans les exploitations agricoles de ce canton, il n'y a que quelques moutons que l'on peut considérer comme échantillons, pour démontrer la possibilité d'en élever. Dans les considérations générales concernant l'arrondissement de Rennes, j'ai exposé ce qu'il était convenable de faire à ce sujet dans le canton Nord-Est de Rennes.

En résumé, le canton Nord-Est de Rennes a des amendements calcaires dans son sein, il peut donner une plus grande extension aux cultures fourragères, et par suite entretenir beaucoup mieux un plus grand nombre d'animaux, qu'il est à même d'améliorer sans faire de grandes dépenses.

CANTON SUD-EST DE RENNES.

Acigné, Cesson, Chantepie, Vern, et le côté Sud-Est de Rennes, sont les communes qui composent ce canton ; l'organisation de son Comice agricole a eu lieu l'année dernière, et c'est à Cesson qu'il a donné son premier concours.

Les communes de ce canton présentent quelques différences entre elles sous le rapport cultural, aussi le Comice cherche-t-il à diriger convenablement les agriculteurs dans la voie des améliorations.

Dans quelques Comices, s'il est arrivé parfois que certaines communes aient eu la plus large part des récompenses, il ne faut pas en conclure que l'institution soit mauvaise, qu'il y ait eu de la partialité, ni qu'il en sera tous les ans de même ; car cela dépend le plus souvent de ce que les agriculteurs les plus méritants d'une commune ont figuré au concours, tandis que ceux des autres n'y étaient pas.

Exciter l'émulation, une certaine rivalité entre les agriculteurs, est un puissant moyen pour obtenir des améliorations; et tandis qu'une prime bien méritée peut produire de bons effets, on doit éviter d'en donner toutes les fois que les choses qui font l'objet du concours n'en sont pas jugées dignes. Enfin, je crois qu'il ne convient pas de chercher à répartir un nombre égal de primes dans toutes les communes d'un canton.

Espèce Chevaline.

Au concours de Cesson, on comptait six poulains mâles de dix-huit mois, et une jument suitée d'une pouliche provenant d'un étalon inconnu.

Les poulains étaient de race bretonne, avaient été achetés à l'âge de six mois ; tous avaient déjà beaucoup travaillé et étaient en assez mauvais état, ce qui annonçait qu'ils n'avaient pas été préparés pour le concours.

Dans ce canton, de même que dans les précédents, il n'y a qu'un très-petit nombre de juments ; les agriculteurs préfèrent élever le cheval plutôt que de le produire ; chez ceux qui sont au voisinage de la ville, il y en a de forte taille, tandis qu'on en rencontre de plus petits en Vern et Acigné.

A part la taille, l'espèce chevaline du canton Sud-Est de Rennes ressemble beaucoup à celle des cantons précédents; le plus grand nombre provient des mêmes foires (celle de Cesson est très-renommée pour les poulains de six mois); mais comme il y a des cultivateurs qui reconnaissent qu'ils n'ont pas suffisamment de fourrages, il en résulte qu'ils achètent les poulains qui annoncent devenir moins grands et moins forts.

Sous le rapport du logement, des soins, de la nourriture et du travail prématuré, ce sont les mêmes inconvénients que j'ai déjà signalés; il est à remarquer seulement que les propriétaires de petits chevaux courent moins les foires que les autres. Les travaux des exploitations rurales sont faits pour la plupart avec les chevaux entiers, mais les attelages de bœufs et chevaux réunis sont plus nombreux que dans les cantons qui précèdent.

Pour avoir des chevaux en bon état, pouvoir les vendre un bon prix et en obtenir beaucoup de travail, les fermiers feraient bien de demander à leur propriétaire l'autorisation de pratiquer des ouvertures dans la partie la plus élevée des murs des écuries, ou bien d'établir des cheminées d'appel, afin de faciliter le renouvellement de l'air. Il y a un grand nombre d'écuries qui peuvent être assainies par l'emploi de ces simples moyens. Si les agriculteurs comprenaient bien toute l'importance résultant de l'aération bien entendue des écuries, ils n'hésiteraient pas devant la minime dépense à faire pour obtenir ce résultat.

Les divers états de l'air influent autant sur la santé des animaux que la qualité et la nature des aliments qu'on leur donne; le plus grand nombre des maladies qui sévissent sur les animaux des exploitations rurales est dû à l'impureté de l'air des habitations où ils sont placés.

Non-seulement les écuries ont généralement besoin d'être plus aérées, mais il est nécessaire aussi qu'elles soient tenues plus propres, afin de prévenir l'influence de la principale cause qui vicie l'air qu'elles contiennent.

La nourriture qu'on donne aux chevaux des campagnes a besoin d'être modifiée. Il est reconnu qu'un cheval bien nourri rend plus de services que celui qui ne l'est pas suffisamment; en donnant seulement du foin à discrétion, le cheval est mal nourri, tandis qu'avec un peu d'avoine et moins de foin il est devient plus fort et plus vigoureux.

Le cheval est plutôt organisé pour être nourri avec du grain qu'avec du foin, et c'est parce qu'on agit autrement qu'il y en a un si grand nombre de poussifs à peine arrivés à l'âge adulte.

Dans le canton Sud-Est de Rennes, de même que dans tout le département, on a la mauvaise habitude de loger le foin dans des greniers au-dessus des écuries ou au-dessus des étables, généralement pourvus de planchers mal joints. Le foin nouveau nuit à la santé des animaux pendant que s'opère la seconde dessiccation ; puis les vapeurs animales dont l'air de ces logements se trouve chargé pénétrant dans l'intérieur des greniers, il s'ensuit une prompte altération d'une grande quantité de foin, qu'on reconnaît à sa mauvaise odeur, à sa couleur, à sa saveur désagréable, et à la répugnance que les animaux éprouvent à le manger.

En attendant que les agriculteurs se décident à avoir de bonnes juments poulinières, ils feront bien de faire cesser les inconvénients que j'ai signalés, en ne faisant travailler les chevaux qu'à un âge plus avancé, en aérant convenablement les écuries et en les tenant plus propres, en ayant recours à des pansages plus fréquents, et en donnant à leurs bêtes une bonne nourriture.

Espèce Bovine.

L'espèce bovine était représentée au concours de ce Comice agricole par cinq taureaux et quinze femelles.

Tous les écrivains sont d'accord sur ce point, que plus une exploitation agricole entretient de bétail, plus elle est prospère, parce que c'est du nombre d'animaux que dépend la quantité de fumier dont elle peut disposer, partant la production et la richesse du sol. Grand nombre d'agriculteurs du département veulent mettre ce principe en pratique, et je puis assurer qu'il leur est plutôt onéreux que profitable. Faut-il en conclure pour cela que le principe fondamental soit faux? Certainement non.

Qu'il s'agisse d'une vache à lait, d'un cheval ou d'un bœuf de travail ou d'engrais, il ne faut jamais oublier que de la quantité et de la qualité de la nourriture dépendent le travail, le rendement en viande et en lait. C'est le surplus de la nourriture nécessaire pour l'entretien de la vie qui est transformé en lait chez la vache. Dans certaines circonstances, la nourriture que consomme une vache peut être considérée comme perdue, c'est lorsqu'on ne lui en donne pas assez; tandis qu'avec quelques kilogrammes de plus par jour elle l'aurait largement payée en lait, en viande et en fumier. D'où il résulte que dans toutes les exploitations rurales il faut avoir le plus grand nombre d'animaux possible, mais à la condition de pouvoir leur donner une bonne et abondante nourriture. Il est bien démontré que deux vaches bien nourries rendront plus de lait que six qui ne le seront pas suffisamment, que deux chevaux ou deux bœufs dans de bonnes conditions rendront plus de force, plus de services que quatre qui auront été mal nourris.

Dans ce canton, comme dans beaucoup d'autres du département, les fermiers qui peuvent disposer d'une nourriture convenable pour bien entretenir leur bétail pendant l'hiver sont plus rares qu'on ne le pense.

Parmi les animaux qui étaient au concours de Cesson, il y en avait de races et croisements différents; une seule femelle représentait la pure race bretonne, plusieurs provenaient de la bretonne croisée avec la normande; enfin, il y en avait ayant du breton, du normand et du suisse. J'ai remarqué que les sujets chez lesquels les caractères indiquaient la prédominance du sang breton étaient mieux conformés, en meilleur état et plus laitiers que ceux chez lesquels le sang normand dominait; tous ceux qui avaient du sang suisse étaient mal conformés, en mauvais état, et avaient le cuir épais et les os gros.

Jusqu'ici, les cultivateurs du canton ont agi au hasard, en prenant les premiers taureaux venus qui se trouvaient à leur proximité. Je suis porté à croire qu'ils suivent encore la même voie, parce que je n'ai pas vu au concours un bon taureau capable d'améliorer l'espèce. Qu'on demande à un agriculteur du canton s'il a de bonnes vaches, il répond affirmativement, et cependant il est douteux que dans toutes les exploitations rurales elles rendent une moyenne de plus de trois litres de lait par jour. Parce qu'il en est ainsi, faut-il dire que les vaches qu'on rencontre dans le canton sont mauvaises? Non certainement; il y en a qui sont bien marquées pour le lait, mais elles ne peuvent pas en donner, parce qu'elles ne sont pas convenablement nourries. Pour améliorer l'espèce bovine, je conseillerai aux fermiers de cultiver plus en grand les racines et les choux, et d'avoir recours à des taureaux de pure race bretonne.

Espèce Porcine.

Il y avait au concours de Cesson un verrat et une truie de la race du pays. Dans le canton il y a quelques truies portières, mais il n'y en a pas assez, et on n'en tire pas le meilleur parti, attendu qu'on a l'habitude de ne leur faire faire qu'une seule portée.

En général, chez les principales espèces d'animaux domestiques, on croit que les produits de la première portée ne sont jamais aussi beaux, aussi forts, ni aussi bons que ceux provenant de la deuxième ou troisième gestation, surtout lorsque la première a eu lieu avant le développement complet de la femelle.

Si au lieu de conduire les truies au verrat à l'âge de huit à neuf mois, de les engraisser aussitôt après que les petits sont sevrés pour les faire tuer lorsqu'elles ont quinze ou seize mois; si, dis-je, on ne les faisait saillir pour la première fois qu'à l'âge d'un an, qu'on le fît une deuxième fois à l'âge de dix-neuf à vingt mois, alors on pourrait en espérer de bons produits, surtout en les soignant bien.

J'ai déjà eu occasion de dire qu'une truie pouvait faire trois portées par an, mais pour cela il faut qu'elle soit bien nourrie, sinon elle s'épuise et donne des porcelets chétifs, sans espoir de les voir devenir bons. On objecte qu'à vieillir certaines truies deviennent méchantes, contractent parfois une mauvaise habitude contre nature, celle de manger toute ou partie de leur portée : je ne conteste pas cela ; mais dans la majorité des cas il suffit de les traiter avec douceur, de les nourrir convenablement pour prévenir ces inconvénients.

On peut reprocher à l'espèce porcine qu'on rencontre dans ce canton d'être toujours mince, d'avoir la ligne du dessus étroite, la poitrine serrée, la tête forte, les membres longs et gros du canon, d'engraisser difficilement et de ne pas avoir atteint son développement avant l'âge de vingt-huit à trente mois.

En résumé, dans l'intérêt de l'espèce, on ne doit pas faire saillir les truies du pays avant l'âge d'un an au moins ; il y va de l'intérêt des agriculteurs de les conduire au verrat au moins deux fois par an, et pour corriger ses défauts, on devrait allier la truie du pays au verrat new-leicester.

Espèce Ovine.

On n'en connaît pas de troupeau dans le canton ; un grand nombre de fermiers possèdent une ou deux brebis en propriété ou à *beurrage*. Les fermiers peu aisés sont ordinairement visités par quelques personnes pouvant disposer de capitaux pour l'achat d'animaux de l'espèce ovine, destinés à leur être confiés sous certaines conditions ; c'est un véritable cheptel. Lorqu'une brebis est mise à beurrage, le propriétaire de l'animal prend tous les ans la moitié de la toison, un agneau si elle en a fait deux, ou la moitié du prix de la vente s'il n'y en a eu qu'un, et l'autre moitié est pour le fermier.

Si une belle brebis du pays coûte de 24 à 26 fr. d'achat, qu'elle produise annuellement onze livres de laine sous suint ou huit livres de laine après le lavage, qu'on vende cette dernière de 2 fr. à 2 fr. 50 c. la livre sans être filée, et de 3 fr. 50 à 4 fr. lorsqu'elle est filée, plus un agneau qu'on peut évaluer aujourd'hui à 15 ou 18 fr. à l'âge de six semaines, il faut reconnaître que l'argent placé en achat de brebis rapporte beaucoup.

Pour que les agriculteurs soient plus à même de juger des avantages qu'ils peuvent retirer de la production de l'espèce ovine, je citerai les renseignements suivants que je tiens de bonne source :

Achat de quatre brebis...........	104 fr.	
Produit :		
Laine lavée, 32 livres à 2 fr. 25...........		72 fr.
Cinq agneaux...........................		85
Total....................		157 fr.

Il n'y a pas une ferme dans le canton, étant confiée à un agriculteur rangé et intelligent, dans laquelle on ne puisse entretenir convenablement huit brebis, c'est-à-dire obtenir par ce petit nombre un revenu annuel de 300 fr. au moins.

Telles sont les améliorations les plus urgentes à introduire dans le canton Sud-Est de Rennes, concernant les espèces chevaline, bovine, porcine et ovine.

CANTON SUD-OUEST DE RENNES.

Dans ce canton sont comprises les communes de Bourg-Barré, Brutz, Chartres, Châtillon-sur-Seiche, Noyal-sur-Seiche, Orgères, Saint-Erblon, Saint-Jacques-de-la-Lande, Vezin et le côté Sud-Ouest de Rennes. C'est en 1854 que ce

Comice a été organisé; il a donné son premier concours à Brutz, et son deuxième, en 1855, à Pont-Péan.

Comme dans les autres cantons de Rennes, il y a de bons et de mauvais terrains; mais il est important de savoir que le calcaire y est commun, puisque c'est celui de notre département qui produit la plus grande quantité de chaux.

Tandis que dans certaines contrées on prétend que la facilité de se procurer de la chaux a puissamment contribué à augmenter la fertilité du sol, il est à remarquer que l'état agricole du canton Sud-Ouest de Rennes laisse encore beaucoup à désirer.

Espèce Chevaline.

La Commission hippique a eu à visiter en 1854 deux juments suitées de poulains provenant d'un étalon non autorisé, et en 1855 deux autres juments se trouvant dans les mêmes conditions. Il y a quelques années, pendant qu'il y avait des étalons en station à Rennes, plusieurs fermiers eurent l'idée de se livrer à la production de l'espèce chevaline; mais après s'être procuré de belles juments bretonnes, n'ayant pu obtenir des poulains en les faisant saillir aux étalons de l'administration, ils renoncèrent à leur projet pour ne plus s'occuper que de l'élève de l'espèce chevaline.

Dans ce canton il peut y avoir un plus grand nombre de juments que dans les précédents, mais je ne pense pas qu'il y en ait plus de 60 à 80 dans les exploitations rurales. Pour mettre les cultivateurs qui ont des juments poulinières à même d'obtenir de bons produits, afin de pouvoir concourir pour les primes départementales, la Commission hippique, en 1854, avait cru devoir autoriser un étalon breton; mais cette opération n'a eu aucun effet, parce que l'étalon fut livré au commerce quelque temps après.

Dans la plupart des fermes on a l'habitude d'acheter des poulains de six mois, de les conserver entiers et de s'en servir jusqu'à l'âge de quatre à cinq ans, époque à laquelle ils sont vendus aux foires de Rennes. Quelques fermiers ont des bœufs qu'ils ont élevés, dont ils se servent pour les travaux de leurs exploitations; mais le plus ordinairement ils accordent la préférence aux chevaux entiers de race bretonne, dont j'ai précédemment donné la description.

Parce qu'il n'y a plus d'étalons de sang à Rennes, il ne faut pas que les agriculteurs renoncent pour cela à produire le cheval, car il y a plus de bénéfices à avoir des juments poulinières que d'acheter des poulains de six mois fort cher pour les revendre quelques années après en pure perte. Il est de leur intérêt de produire le bon cheval breton.

Espèce Bovine.

Le concours du Comice en 1844 avait lieu un jour de foire à Brutz, aussi y avait-il un très-grand nombre d'agriculteurs de ce canton à avoir exposé du bétail. Au concours de 1855, il y avait pour représenter l'espèce bovine deux taureaux et trente femelles.

Dans le canton Sud-Ouest de Rennes, on rencontre chez les petits cultivateurs la petite vache bretonne, à robe pie, en bon état et bien marquée pour le lait. Dans les grandes exploitations, il y a des sujets provenant du croisement breton avec la race normande : ce sont les plus nombreux; il y en a qui ont des bêtes ayant du breton, du normand et du nantais ; enfin, les sangs breton, normand, nantais et suisse, mélangés à divers degrés, se reconnaissent aux caractères que j'ai indiqués, dans les principales fermes du canton.

D'après les animaux exposés au dernier concours, il était facile de voir que les cultivateurs n'ont pas encore fait choix de la race qui leur convient le mieux; tous avaient des vaches maigres, mais ne présentant pas les caractères indiquant les propriétés laitières, et tous, cependant, paraissaient accorder la préférence aux bêtes les plus grandes.

Il est regrettable de voir des cultivateurs intelligents ne pas attacher plus d'importance à la bonne conformation, à la race et aux caractères indiquant l'aptitude à la graisse et au lait. Pourquoi ces vaches à tête forte, poitrine étroite, reins bas, croupe haute et pointue vers sa partie postérieure, avec hanches saillantes, attache de queue en trompette et membres longs?

Dans toutes les races, sous-races et variétés de l'espèce bovine qu'on rencontre aux foires de Rennes, comme ailleurs, il y a des sujets à conformation vicieuse, présentant certains caractères indiquant la mauvaise qualité, qu'il ne faut jamais élever au-delà de l'âge où on peut les reconnaître, et qu'il faut toujours bien se garder d'acheter.

Non-seulement les cultivateurs du canton n'apportent pas assez d'attention dans le choix des vaches, mais ils ont recours indistinctement au premier taureau venu.

A toutes ces causes, qui tendent de plus en plus à abâtardir l'espèce, à propager les défectuosités qu'elle possède et non les qualités qui en font le mérite, si on ajoute le mauvais état des logements et le manque de nourriture pendant l'hiver, on pourra se faire une idée des vaches du canton.

Dans ce canton comme dans beaucoup d'autres, les cultivateurs tiennent à avoir de grandes vaches pour les raisons suivantes : 1° parce qu'elles donnent de forts veaux ; 2° qu'elles doivent rendre davantage ; 3° j'ajouterai : par gloriole, parce qu'un tel en a de pareilles.

Tout d'abord, je commence par dire qu'on doit toujours accorder la préférence aux grandes espèces animales chevaline, bovine, porcine et ovine, lorsqu'on peut disposer d'une nourriture convenable et abondante. Lorsque le cultivateur est dans cette position, il est de son intérêt d'avoir de grands animaux ; tandis que je dirai toujours au fermier, qui n'a que tout juste de quoi empêcher ses grandes vaches de mourir de faim, surtout pendant l'hiver, qu'il est de son intérêt d'en avoir de petites.

Comment ! parce qu'une grande vache devra donner annuellement un veau qui sera vendu 10 fr. de plus que celui d'une petite, vous lui accorderez la préférence? Que signifie cet avantage en comparaison de celui de la production laitière d'un bout de l'année à l'autre?

Que fait-on dans les fermes du canton? Dans les dix-neuf-vingtièmes, il n'y a pas assez d'aliments, les grandes vaches sont nourries à l'étable, comme les petites, avec beaucoup de parcimonie. Dans des pâturages peu abondants, la petite vache prend sa ration, tandis que la grande en sort ayant l'estomac à moitié vide; d'où il résulte que toutes les grandes vaches sont maigres par défaut de nourriture, tandis que toutes les petites qui sont dans le même troupeau sont en très-bon état. Pour ces raisons, la petite vache convient mieux que la grande, parce qu'avec la quantité de nourriture qu'on lui donne elle est en bon état, produit une moyenne de plus de quatre litres de lait par jour d'un bout de l'année à l'autre, tandis que la grande n'en rend pas deux, est très-maigre, maladive, et fait peu d'honneur à la personne qui la soigne et à celle à laquelle elle appartient.

En résumé, les agriculteurs du canton ont besoin de cultiver une plus grande étendue de racines et de plantes fourragères, afin de pouvoir mieux nourrir leur bétail : il faut qu'ils fassent choix des meilleures vaches les mieux conformées qu'ils ont, qu'ils les conduisent à un bon taureau de pure race bretonne, ils en obtiendront des veaux aussi forts que précédemment, mais mieux faits, plus précoces, moins exigeants de nourriture et plus laitiers.

Espèce Porcine.

La production de l'espèce porcine peut être considérée comme nulle dans le canton Sud-Ouest de Rennes, car dans les exploitations rurales il n'y a que quelques rares exceptions de truies portières.

Je suis porté à croire qu'on n'apprécie pas à sa juste valeur cette importante industrie; je n'ai vu ni truies ni verrats aux deux concours qui ont eu lieu dans ce canton.

Tout ce que j'ai dit au sujet des cantons précédents, concernant l'espèce porcine, est appliquable à celui-ci.

Espèce Ovine.

Dans un grand nombre de fermes de ce canton on rencontre bien quelques brebis, mais elles sont en si petit nombre que les bénéfices passent inaperçus. C'est aux cultivateurs intelligents à donner le bon exemple, pour démontrer les avantages réels que présente la production de l'espèce ovine.

CANTON DE CHATEAUGIRON.

Ce canton est formé par les communes de Brecé, Chancé, Châteaugiron, Domloup, Nouvoitou, Noyal-sur-Vilaine, Saint-Armel, Saint-Aubin-du-Pavail, Servon et Veneffles.

Dans ce canton, le Comice agricole est organisé depuis nombre d'années; il a déjà suggéré de nombreuses améliorations, mais il lui reste encore beaucoup à faire pour atteindre le but qu'il se propose.

Il est à remarquer que si on envisage les habitudes des cultivateurs au loin de Rennes, on les trouve plus en rapport avec leur position; c'est parce qu'ils ne s'occupent pas autant du commerce des chevaux, qu'on les rencontre fréquemment chez eux et plus rarement dans les foires.

Espèce Chevaline.

Dans le canton de Châteaugiron, il y a des fermiers qui

élèvent seulement le cheval, et d'autres qui le produisent et l'élèvent.

Ceux de la première catégorie achètent tantôt des poulains de six mois à un an, d'autres fois âgés de dix-huit mois, soit aux foires de Cesson, de Rennes, de Vitré ou de La Guerche.

Ces chevaux sont ordinairement conservés entiers ; ils sont de la petite race bretonne ou appartiennent à celle de Vitré, et les cultivateurs les gardent le plus souvent jusqu'à un âge avancé.

Dans les exploitations où on s'occupe de la production chevaline, on rencontre de petites juments de race bretonne, à robe grise, bien doublées, ou bien de la race de Vitré, à robe baie, ample et un peu grandie.

Lorsqu'il y avait des étalons à Rennes, un certain nombre de cultivateurs du canton y conduisaient leurs juments, mais le plus grand nombre les faisaient saillir par des chevaux du pays, soit à robe grise ou à robe baie, suivant le genre et la taille qu'ils voulaient avoir : aujourd'hui, quelques-uns les conduisent aux étalons en station à Vitré; mais il y en a beaucoup qui les font saillir, soit par des chevaux qu'ils ont chez eux, soit par ceux de leurs voisins.

Au concours du Comice agricole de 1854, la Commission hippique n'eut à primer qu'une seule jument, suitée d'une pouliche provenant d'un étalon de l'administration des haras ; mais elle visita vingt juments bien doublées, de la taille de 1 mètre 40 centimètres environ, et convenablement conformées pour faire de bonnes poulinières.

Lors du concours du Comice agricole de 1855, la Commission hippique a eu à visiter neuf juments suitées de poulains de l'année, et deux qui ne l'étaient pas; elle en a primé trois. Mais pour mettre les propriétaires de juments qui sont dans le canton plus à même d'avoir des étalons, il en a été autorisé un à Châteaugiron.

Il y a dans le canton un grand nombre de bonnes juments

qui sont employées à la reproduction, et n'ont pas été présentées au dernier concours ; c'est parce qu'elles avaient été saillies par des étalons n'appartenant pas à l'administration des haras, lesquels n'étaient ni autorisés ni approuvés.

De l'habitude que l'on a de faire les travaux des exploitations rurales en partie avec des chevaux et des bœufs, il résulte que les agriculteurs accordent la préférence à ceux de race commune, parce qu'ils ont remarqué que ceux de sang étaient trop vifs, et fatiguaient plus que les autres lorsqu'ils étaient mis à travailler devant des bœufs. Vouloir aujourd'hui engager tous les propriétaires de juments poulinières à avoir recours à l'étalon de sang serait s'exposer à les faire agir contre leurs intérêts, leur faire obtenir des mécomptes, et peut-être même leur voir abandonner cette industrie.

Prenant en considération le goût et les habitudes des agriculteurs, la bonne conformation et le débouché facile des produits qu'ils obtiennent de leurs juments lorsqu'elles ont été saillies par des étalons de la taille de 1 mètre 40 de race bretonne ou provenant de celle de Vitré, je crois qu'il convient de suivre cette voie, en ayant soin toutefois de les engager à ne pas avoir recours à des étalons mal conformés, ou ayant des tares réputées héréditaires. Quelques propriétaires ont conduit leurs petites juments à des étalons de grande taille, soit de race bretonne ou ayant plus ou moins de sang ; ils en ont obtenu des produits décousus et d'une vente difficile ; tandis que ceux qui ont pris en considération les règles prescrites pour l'appareillement ont obtenu de bons résultats. Les agriculteurs tendent généralement à grandir l'espèce, en faisant choix d'un étalon plus grand que les juments : si dans certains cas par ce moyen, avec des soins et une bonne alimentation, on est parvenu à faire de bons chevaux, le plus souvent on a échoué, surtout lorsqu'ils ont été soumis aux conditions habituelles du canton.

La manière dont les chevaux sont nourris dans les fermes

du canton n'est pas convenable pour améliorer la race; on donne trop de fourrage à la fois et pas une assez grande quantité d'avoine. Sans avoir recours à d'autres juments, avec des étalons de taille moyenne, il suffit de nourrir convenablement les poulains et les nourrices pour obtenir de beaux et bons produits.

Il y a longtemps qu'on a dit que le bon cheval était dans le sac à avoine : en effet, nourrissez le poulain à l'avoine, il acquerra plus de taille et sera bon; donnez-en davantage au cheval employé au service, il rendra plus de force et soutiendra plus longtemps le travail sans paraître fatigué.

Chaque race a ses qualités et ses défauts; il n'en est pas une qui puisse exceller dans tous les services. L'espèce chevaline du canton de Châteaugiron est très-bonne, il faut l'améliorer par elle-même, en faisant choix des plus beaux types et en la nourrissant mieux : voilà les meilleurs moyens à employer dans l'intérêt des agriculteurs et du commerce.

Espèce Bovine.

L'espèce bovine est nombreuse dans le canton de Châteaugiron; dans toutes les fermes il y a des vaches laitières, et dans plusieurs on rencontre, en outre, des bœufs de travail.

La principale industrie des exploitations rurales consiste dans la production et la vente des veaux, la fabrication du beurre pour leurs besoins et la vente de celui qu'ils ont en plus.

Ce sont les vaches qui produisent la plus grande quantité de lait butireux et sont d'un entretien facile, qui conviennent le mieux aux cultivateurs du canton.

D'après le système actuel de culture généralement suivi, pendant les années ordinaires l'espèce bovine ne manque pas de nourriture durant la belle saison, parce qu'elle est journellement conduite au pâturage; mais lorsqu'arrive la mauvaise saison, les pâturages ne fournissant plus de quoi subvenir aux besoins de son entretien, il en résulte que le manque de provisions la fait considérablement maigrir.

Si on entend souvent dire qu'il y a de mauvaises vaches, il ne faut pas toujours croire que cela soit absolu, car bien souvent elles ne sont mauvaises que relativement. Avant de pouvoir se prononcer sur le mérite d'un animal quelconque, il faut savoir le placer dans les conditions favorables qu'il réclame, ou bien tous les animaux seront défectueux et mauvais.

Il est bien constaté que les cultivateurs du canton de Châteaugiron ne cultivent pas assez en grand les racines et les plantes fourragères pour pouvoir entretenir convenablement l'espèce bovine pendant l'hiver, et cependant tous veulent avoir de grandes vaches. Puisqu'il est démontré que la consommation journalière d'un animal est proportionnelle à son poids, on peut savoir très-approximativement, le nombre et le poids des animaux étant déterminés à l'avance, quelle quantité d'aliments il faudra pour leur entretien pendant un temps donné; par conséquent, on pourra faire ses approvisionnements pour l'avenir pendant un laps de temps arrêté.

Je sais bien que si je conseillais aux cultivateurs d'avoir des petites vaches bretonnes de préférence aux grandes, je me trouverais en opposition avec eux; d'abord parce qu'ils seraient effrayés d'être obligés de vendre toutes celles qu'ils ont, ensuite ils craindraient de ne plus pouvoir élever des bœufs pour le travail.

Mais je ne suis pas si exigeant, je ne demande pas immédiatement une réforme radicale; il faut commencer par consacrer une plus grande étendue de terre pour la nourriture du bétail, puis, ayant plus de fourrages, l'entretenir toujours en bon état; avec une nourriture plus abondante, on peut déjà obtenir une grande amélioration.

L'amélioration des diverses espèces animales par la génération est un puissant moyen, mais avant d'y avoir recours, il faut bien savoir quelles sont les modifications que l'on veut obtenir. On entend souvent dire que le meilleur instrument ne vaut rien entre des mains inhabiles, et que la plus belle graine ne prospère pas dans une mauvaise terre.

Au concours du Comice agricole de 1855, il y avait neuf taureaux et trente-cinq femelles. Il y avait un taureau et deux vaches de pure race bretonne, des types de croisement breton-normand, dont le premier sang dominait chez certains sujets, tandis que chez les autres c'était le sang normand; il y avait un taureau ayant du breton, du normand, du suisse et du durham; enfin quelques animaux ayant du breton, du normand et de la race mancelle.

En voilà des mélanges! Il faut convenir qu'on a singulièrement abusé des croisements, et qu'on n'est arrivé qu'à ce résultat : l'abâtardissement de la race bretonne.

Conseiller aux agriculteurs de faire des croisements à titre d'essais avant que les résultats soient acquis par l'expérience, c'est les induire en erreur et occasionner leur ruine. Quoi de plus simple et de plus rationnel que de chercher à améliorer par elle-même une race qui possède toutes les qualités que nous voulons?

Ayant sans cesse à lutter contre les idées généralement répandues de croisement, je suis encore à savoir quelles sont les races françaises qui ont réellement été améliorées en suivant ce système.

Quant aux agriculteurs du canton de Châteaugiron, pour améliorer l'espèce bovine qu'ils ont, je les engage à mieux la nourrir, principalement pendant l'hiver, et à avoir recours à des taureaux de pure race bretonne; ils sont assurés d'obtenir par l'emploi de ces moyens de bons et forts bœufs précoces et propres au travail, des vaches meilleures laitières, mieux conformées et d'un plus facile entretien.

Espèce Porcine.

Dans toutes les fermes du canton, on élève quelques cochons pour les besoins de la maison, mais ce n'est que dans quelques-unes qu'on rencontre des truies portières. On est surpris que ce canton, qui n'est qu'à une petite distance du craonnais, ne cherche pas à l'imiter tant sous le rapport de la production que sous celui du choix de sa race. La race de cochons qu'on élève ou qu'on livre à la reproduction est la bretonne, c'est-à-dire une mauvaise race. C'est ici le cas de rappeler qu'il n'en coûte pas plus pour élever un bon animal qu'un mauvais. Tandis qu'il faut six mois de moins de nourriture pour avoir la même quantité de viande, il faut bien reconnaître que c'est au cochon le plus précoce, qui fournit le plus de lard et de chair avec une moins grande quantité de nourriture, auquel on doit accorder la préférence.

Comment se fait-il que les espèces chevaline et bovine aient été tant croisées qu'on ne connaisse plus de leurs anciennes races que les écrits, tandis que l'espèce porcine est restée telle qu'elle était? Plus heureux peut-être que pour les autres espèces, les croisements eussent pu donner des améliorations; il faut attribuer au mépris qu'on en a fait l'état dans lequel nous trouvons aujourd'hui cette espèce.

Maintenant qu'il est bien démontré que l'agriculture a autant d'intérêt à s'occuper de la production et de l'élève de l'espèce porcine que des espèces chevaline et bovine, il est surprenant que le canton de Châteaugiron ne comprenne pas encore tous les avantages que présente cette industrie.

Si, à une époque, la maladie des pommes de terre a pu être considérée comme un prétexte parce qu'elle formait en grande partie la base de l'alimentation de l'espèce porcine, on peut dire aujourd'hui que cette raison, qui était loin d'être péremptoire, n'existe plus, puisque ces précieux tubercules ne sont, pour ainsi dire, plus atteints par la maladie.

Non-seulement on peut faire le reproche à un grand nombre d'agriculteurs du canton de ne pas avoir de truies portières, mais on peut dire aussi à ceux qui en ont qu'ils n'en tirent pas le meilleur parti possible. En effet, ils les font saillir à l'âge de 8 à 9 mois, et après cette portée ils les vendent, ou ils les engraissent pour eux. Il est bien reconnu qu'une truie bien soignée peut faire trois portées par an. Sans faire de grands frais, les fermiers peuvent tout aussi facilement se procurer la race craonnaise que la race bretonne. En changeant seulement de race et nourrissant mieux, ils auront bien mieux que celle qu'ils ont, et s'ils croisent cette dernière avec la race anglaise (new-leicester), ils atteindront le plus haut degré de perfection de l'espèce.

Eu égard aux avantages que cet animal peut procurer, il n'y a pas d'excuse plausible qu'un seul agriculteur puisse invoquer pour ne pas l'admettre.

Espèce Ovine.

Il y a des moutons dans plusieurs fermes du canton de Châteaugiron, mais en si petit nombre qu'on peut dire que les fermiers ne sont pas à même de pouvoir juger des bénéfices que cette espèce peut leur procurer. Sans avoir un gardien spécial, chaque fermier a la facilité de bien nourrir un petit troupeau de brebis; qu'il en fasse l'essai, il s'en trouvera bien. Ce que j'ai dit à ce sujet, parlant des cantons de Rennes, est applicable à celui de Châteaugiron. A l'avenir, il faut espérer que les agriculteurs ne négligeront plus ce précieux animal, qui paie si largement par son fumier, sa laine, sa chair et sa multiplication, la nourriture et les soins qu'on lui donne.

CANTON DE HÉDÉ.

Les communes qui composent ce canton sont : Bazouges-sous-Hédé, Dingé, Guipel, Hédé, La Mézière, Langouet, Lanrigan, Québriac, Saint-Gondran, Saint-Symphorien et Vignoc.

Le Comice agricole de ce canton a donné deux concours, l'un en 1854 et l'autre en 1855. Dans le canton de Hédé, il y a des contrées qui sont très-productives; d'autres que le génie de l'homme n'a pas encore assez modifiées, et que les encouragements donnés par le Comice ne tarderont pas à faire améliorer.

Espèce Chevaline.

Dans le canton de Hédé, on rencontre des chevaux ayant une conformation bien différente, suivant l'état de culture du sol : gros et forts là où l'agriculture est avancée, ils sont au contraire de petite taille dans les endroits où la production du sol laisse encore beaucoup à désirer. Les travaux des exploitations rurales se font souvent avec des attelages de bœufs et chevaux réunis. Il y en a aussi qui n'emploient que des chevaux. L'usage du pays consiste à acheter des poulains provenant des Côtes-du-Nord, quelquefois à l'âge de six mois, souvent à dix-huit mois, à les élever entiers jusqu'à l'âge de quatre ou cinq ans, pour les vendre aux foires de Rennes ou dans le canton. Dans les plus petites fermes il y a des chevaux, et lorsqu'il n'y en a qu'un seul, alors les fermiers s'entendent entr'eux de manière à faire un attelage pour pouvoir labourer; ils appellent cela *souhatter*. Les juments poulinières y sont peu nombreuses : est-ce parce qu'il y a beaucoup de chevaux entiers, ou bien parce que les cultivateurs croient avoir plus d'avantage à élever qu'à produire? Je suis porté à croire que l'habitude et la routine sont les principales causes qui déterminent les agriculteurs du pays à agir de la sorte. Cependant, sans vouloir préjuger que le système de laisser en jachère une certaine étendue de terrain soit un bon moyen, je crois, eu égard à cela, qu'il serait très-facile d'avoir un certain nombre de juments poulinières dans chaque exploitation. Pendant l'hiver, une jument ne coûterait pas plus de nourriture qu'un cheval entier, et elle pourrait tous les ans donner un poulain qui rendrait plus de bénéfice que celui acheté cher à six mois, et revendu presque le même prix à l'âge de quatre ou cinq ans.

En 1854, quatre juments furent visitées par la Commission hippique le jour du concours du Comice; elles étaient bien conformées, de race bretonne, et un bon étalon de même race fut autorisé, afin d'éviter de trop grands déplacements aux propriétaires de juments poulinières. Au concours de 1855, douze juments ont été présentées; plusieurs étaient suitées de poulains de l'année, mais elles n'ont pu être primées parce qu'elles avaient été saillies par des étalons non autorisés.

Le Comice, ayant le désir de voir la production chevaline prendre de l'extension, a accordé des saillies gratuites aux quatre plus belles juments présentées au concours. L'étalon autorisé a fait onze saillies dans le canton en 1855 : il faut espérer que les bons poulains qui en résulteront, avec l'influence du Comice et les primes départementales, produiront assez d'effet pour exciter sur ce point l'émulation des cultivateurs du canton.

Espèce Bovine.

L'espèce bovine était représentée au dernier concours par douze vaches, trente-quatre génisses et six taureaux.

Dans quelques fermes de ce canton on peut bien entretenir des vaches de taille moyenne, mais dans le plus grand nombre la nourriture est insuffisante. Il faut reconnaître qu'on a considérablement abusé du mot *amélioration*, car on l'a appliqué pour désigner toutes les modifications bonnes et mauvaises obtenues chez les diverses espèces animales. On peut admettre en principe, au moins pour l'espèce bovine, qu'il n'y a jamais avantage à augmenter sa taille par croisement. Parmi les animaux présentés au concours, il y en avait ayant du breton et du normand : les sujets dont le sang normand dominait étaient les plus grands, non par la hauteur du corps, mais par la longueur des membres ; ils avaient la poitrine étroite, le ventre petit, la croupe serrée, le fond de la robe alezan avec des raies noires, les cornes courtes, blanches et vertes, et s'ils étaient bien marqués pour le lait, ils n'avaient ni chair ni mamelles.

Les types ayant plus de breton que de normand avaient un peu moins de taille que les précédents ; on les reconnaissait aux caractères suivants : tête plus large et plus courte, cornes dirigées en relevant à partir de leur base, minces, courtes, blanches à la base, noires à leur extrémité ; mufle noir bordé de gris, tandis que les autres l'ont rose, poitrine large, ventre gros, croupe plus courte, mais assez large, de couleur alezan avec du blanc sous le ventre et parfois sur les autres parties du corps. Les vaches étaient assez bien marquées pour le lait, avaient plus de chair et de mamelles que celles ayant beaucoup de sang normand.

Il y avait en outre des bêtes bretonnes-normandes, qui avaient été croisées avec la race nantaise ; celles plus grandes avaient la tête plus épaisse que les autres, les cornes un peu plus grosses, de couleur jaunâtre, l'encolure plus forte, la poitrine un peu cylindrique, avec le ventre sur la même ligne, le dos et les reins moins saillants, la croupe horizontale, peu large, mais l'étant autant à sa partie postérieure qu'auprès des reins. A ces caractères, si on ajoute que les hanches sont moins saillantes, les os des membres plus gros, qu'elles sont de couleur alezan pâle, avec le mufle moins rosé, ont la peau beaucoup plus épaisse et n'ont ni pis ni marques laitières, on aura le portrait des vaches et génisses ayant du breton, du normand et du nantais.

Il y avait aussi quelques bêtes ayant un peu de sang suisse, mais elles étaient en petit nombre.

Enfin, ce canton présente encore des vaches de pure race bretonne, de petite taille, en meilleur état que celles des croisements précédents, ayant de belles mamelles et de bonnes marques laitières.

Tous les taureaux présentés étaient des métis et avaient les os gros. Prenant pour base ce que j'ai observé dans les deux concours des Comices agricoles de Hédé, concernant l'état de maigreur en général et les défectuosités que je viens de signaler, je suis convaincu que dans le plus grand nombre de fermes on ne récolte pas une suffisante quantité de fourrages pour nourrir le bétail, et qu'à bien considérer, la plupart de ces vilaines bêtes coûtent plus qu'elles ne rapportent.

Les meilleurs moyens de modifier avantageusement l'espèce bovine du canton de Hédé, sont d'avoir recours à une plus abondante nourriture, et de faire saillir les vaches par des taureaux de pure race bretonne.

Espèce Porcine.

Au concours du Comice agricole de Hédé, il n'y avait pas un seul animal de l'espèce porcine; cependant, il est tout aussi utile dans ce canton que dans les autres, et les agriculteurs pourraient retirer de grands avantages à s'occuper de sa multiplication. Je ne puis qu'adresser aux fermiers du canton de Hédé les mêmes observations qu'à ceux des cantons précédents.

Espèce Ovine.

L'espèce ovine n'était pas représentée au concours du Comice, probablement parce qu'elle ne devait pas y être primée. On rencontre bien dans plusieurs fermes quelques moutons de race commune. Il y en a toujours dans toutes les foires du canton, mais il paraît qu'on a jugé à propos de s'en rapporter à la sagesse des cultivateurs.

S'il est des circonstances où on puisse dire que vouloir tout changer, modifier, améliorer, soit une manie défectueuse, on pourrait peut-être nous adresser les mêmes reproches si nous engagions nos cultivateurs à en agir de même pour toutes nos espèces animales.

Après avoir reconnu que le canton ne produisait pas avec le système de culture actuel assez de fourrages pour nourrir convenablement l'espèce bovine, on sera peut-être surpris de nous entendre dire qu'il faut que tous les fermiers du canton aient un petit troupeau de moutons, parce que ces animaux mangeant les mêmes plantes que le gros bétail, il pourra en résulter une disette plus grande pour ces derniers. Cette objection n'est pas fondée, car il n'y a pas une ferme dans le canton de Hédé qui ne puisse entretenir convenablement huit ou dix brebis, sans prendre sur les aliments destinés aux vaches; il suffit pour cela de faire des provisions de feuilles d'arbres pour l'hiver, de mettre les moutons dans les pâturages où les autres espèces ne trouvent pas de quoi vivre.

CANTON DE JANZÉ.

Les communes du canton de Janzé sont : Amanlis, Boistrudan, Brie, Corps-Nuds, Janzé et Piré.

Dans la plupart des exploitations rurales de ce canton on s'occupe de la fabrication et du commerce des toiles. Il y a quelques années, M. le ministre de l'agriculture et du commerce adressa une circulaire à la Société d'Agriculture d'Ille-et-Vilaine, à l'effet de savoir par quel genre d'industrie on pourrait empêcher l'émigration de la classe ouvrière des campagnes dans les villes. Quelques membres furent d'avis que le meilleur moyen était de favoriser l'industrie des toiles rurales. Sous un certain point de vue, il est fort possible que l'extension de cette industrie, ou la création d'une nouvelle encore plus lucrative, puisse réussir ; mais sous le rapport agricole, ce qui se passe dans le canton de Janzé démontre d'une manière péremptoire qu'il n'y a pas d'avantage. En effet, soit parce que le chef de la ferme est préoccupé de ses affaires commerciales, ou parce qu'il est obligé d'aller courir les foires et les marchés, il arrive souvent que les soins de la terre se trouvent confiés à des personnes inhabiles, et plus souvent encore que l'agriculteur a plus perdu ou dépensé qu'il n'a gagné. A l'exception de quelques hommes d'une rare intelligence, qui ont su faire marcher de front le commerce des toiles et les améliorations agricoles, on peut dire que l'industrie des toiles rurales n'a pas servi à faire progresser l'agriculture dans le canton de Janzé.

Espèce Chevaline.

Dans un grand nombre de fermes du canton de Janzé, on se sert de bœufs et de chevaux attelés ensemble pour les travaux de la terre, et même pour quelques charrois en dehors des exploitations. Malgré les avantages que certains laboureurs du pays croient trouver à mettre un ou deux chevaux devant une ou deux paires de bœufs, je reconnais de graves inconvénients à établir des attelages mi-partis. Si, à l'exemple de la Belgique et dans le département du Nord, on harnachait les bœufs de la même manière que les chevaux et qu'on les attelât parallèlement, alors ils pourraient avoir plus de facilité dans la marche, et les chevaux fatigueraient moins. Mais à la manière dont on les attèle en général dans le département, s'il n'y a qu'un cheval devant les bœufs, on ruine promptement le premier, ou il ne tire pas ; si on met trois chevaux devant une paire de bœufs, les premiers, accélérant par trop la marche des bœufs, les fatiguent beaucoup, et dépensent en outre une partie de leur force à traîner ces derniers.

En 1854, il y avait au concours de Janzé deux juments suitées de poulains de l'année, et dix qui ne l'étaient pas; en 1855, la Commission hippique a eu à visiter trois juments suitées et neuf sans l'être. Aux deux concours, ce qui a le plus frappé son attention, c'est l'état de maigreur et de fatigue de toutes les juments.

Ne doit-on pas attribuer ce fâcheux état des juments aux grandes fatigues qu'elles éprouvent en travaillant ensemble avec des bœufs? Les juments qu'on rencontre dans le canton de Janzé sont de deux races : il y a la pure bretonne et celle provenant des environs de La Guerche, c'est-à-dire celle de Vitré un peu plus grande et proportionnellement doublée, toutes deux généralement bien conformées pour donner de bons poulains. Il est rare qu'ils réussissent bien, parce qu'on fait trop travailler les juments, ce qui les rend maigres et les met dans l'impossibilité de pouvoir bien nourrir leur produit.

S'il est de la plus haute importance d'avoir un beau moule et de l'entretenir en bon état, il faut reconnaître aussi que le choix de l'étalon joue un grand rôle sur la conformation et les qualités du produit. Au lieu de faire saillir la jument par le premier cheval venu, les agriculteurs du canton feraient bien de se procurer un bon étalon, qu'ils présenteraient à la prochaine tournée de la Commission hippique pour le faire *autoriser*.

Non-seulement on se sert de bœufs et de juments dans un grand nombre de fermes du canton, mais on a l'habitude d'acheter parfois des poulains de six mois pour les élever.

Dans d'autres circonstances, j'ai déjà eu occasion de dire

qu'il valait mieux produire le cheval, c'est-à-dire avoir des juments et en obtenir des poulains pour les vendre jeunes, plutôt que d'en acheter pour les élever ; je ferai les mêmes observations au sujet du canton de Janzé.

En résumé, en nourrissant mieux les juments, les faisant moins travailler, choisissant un bon étalon breton de moyenne taille, les cultivateurs du canton pourront produire de bons chevaux, faciles à vendre et à élever.

Espèce Bovine.

Dans toutes les exploitations agricoles du canton, il y a un certain nombre de vaches qui produisent quelques bénéfices, tant par les beaux veaux qu'elles font que par le lait qu'elles donnent.

Il y a des fermiers qui élèvent quelques veaux mâles pour en faire des bœufs de travail, mais il en est acheté un grand nombre à l'âge de trois à quatre ans aux foires de Châteaubriant, du Grand-Fougeray et à celles de La Guerche. Les bœufs élevés sur le pays sont très-bons pour le travail ; mais soit qu'ils coûtent trop cher à élever, soit que dans certains cas ils ne soient pas assez forts parce que la nourriture manque, il en résulte que les fermiers achètent souvent des bœufs nantais et parfois des manceaux.

Eu égard à la position de ce canton, à la force de traction dont il a besoin pour faire de bons labours, il est regrettable qu'il ne profite pas de tous les avantages résultant de l'emploi des bœufs pour les travaux d'agriculture. Deux bons bœufs ne coûtent pas plus qu'un bon cheval, et tandis que les premiers augmentent de valeur jusqu'au moment où ils sont livrés à la boucherie, le cheval perd de son prix en vieillissant. Sous le rapport du travail, de l'entretien pour la nourriture, le harnais, les soins, les maladies et les accidents, la substitution des bœufs aux chevaux présente de très-grands avantages pour les travaux agricoles. Si les fermiers du canton de Janzé adoptaient ce système, il en résulterait un bien immense pour l'espèce chevaline qui, n'étant plus employée à des travaux pénibles, serait en bon état et produirait de beaux poulains qui viendraient encore augmenter les bénéfices de l'exploitation. Au dernier concours du Comice agricole, il y avait quinze taureaux, vingt-quatre vaches et vingt-quatre génisses. Parmi ces animaux, les uns étaient de pure race bretonne, d'autres provenaient de croisements breton-normand, breton-normand-nantais, breton-normand-suisse, breton-normand-nantais-suisse; quelques-uns avaient du breton-normand et manceau, un seul avait du breton-normand-durham.

Donner la description de tous les caractères indiquant ces divers mélanges de races est, je crois, inutile au sujet de ce canton, attendu que j'en ai exposé les principaux signes au commencement de ce travail. Je ferai seulement connaître le résultat de mes observations du dernier concours, concernant l'espèce bovine.

Sous le rapport de la conformation, il y avait plusieurs taureaux qui étaient très-remarquables, mais il y en avait aussi qui avaient les os très-gros, la peau épaisse et collée, le dos bas, et sans aucuns caractères laitiers. En général, parmi les mâles comme parmi les femelles, les types de pure race bretonne étaient les plus laitiers. Les sujets bretons-normands étaient tous plus maigres, plus anguleux que les précédents, mais ils présentaient de bonnes marques laitières d'après le système Guénon; ceux qui avaient du sang nantais ou manceau avaient des formes moins anguleuses que les précédents (bretons-normands), avec le cuir épais, serré, les os très-gros, et sans aucune marque laitière. Le breton-normand-durham était bien conformé et laitier. Tous les produits qui avaient du sang suisse à divers degrés avaient le cuir épais, les os très-gros, étaient généralement maigres et peu laitiers,

De l'examen des divers animaux de l'espèce bovine qui

étaient au concours, il faut conclure que, dans le canton de Janzé, la pure bretonne serait la race qui conviendrait le mieux ; avec une nourriture plus abondante, on pourrait entretenir avantageusement la bretonne-normande et la bretonne-normande-durham. Voilà les croisements qui pourraient convenir au pays, parce que les agriculteurs, *avec une bonne nourriture,* en obtiendraient du lait, de la viande et de bons veaux.

Cependant, l'état actuel de la culture laissant encore beaucoup à désirer, puisqu'on ne fait pas assez de fourrages ni de racines pour nourrir convenablement le gros bétail, la race qui présenterait encore les plus grands avantages, ce serait à coup sûr la pure bretonne.

Relativement à cette race, il me semble déjà entendre les cultivateurs s'écrier et dire : nous n'aurons plus que des petits veaux qui, au lieu de nous rendre de 25 à 30 et quelques francs, ne nous produiront plus que 20 ou 25 fr. Cette objection n'est pas aussi puissante qu'on pourrait le croire au premier abord ; en effet, s'il s'agissait d'une réforme radicale concernant toutes les vaches, on n'obtiendrait plus que des veaux de petite taille si on n'avait que des types de la petite race bretonne ; mais en conservant les meilleures vaches bretonnes-normandes, les faisant saillir par un taureau de pure race bretonne, on peut être assuré d'obtenir des veaux aussi forts et meilleurs que ceux d'aujourd'hui, parce qu'ils seront moins osseux, et s'ils sont élevés, ils seront d'un facile entretien et plus laitiers que leur mère.

Après avoir abordé la question de l'amélioration de l'espèce par le moyen le plus *certain* que je puisse dire, par elle-même, puisqu'il ne s'agit que de la retremper dans son sang, je dirai quelques mots d'un nouveau croisement.

Parmi les races anglaises qui se rapprochent beaucoup de notre bretonne-normande, chez laquelle le sang breton prédomine, il y a celle d'Ayr, qui est à peu près de la même taille, jouit des mêmes facultés laitières; mais elle est plus musculeuse, c'est-à-dire qu'elle a des formes plus arrondies et paraît mieux convenir pour la boucherie que la nôtre.

Ce croisement pourrait ne pas nuire à la race dont je viens de parler, mais il ne faut pas s'attendre que l'Ayr soit capable de les amener toutes à son type.

Les agriculteurs se laissent facilement séduire par des formes charnues et arrondies; mais s'ils croient qu'il leur suffira d'avoir recours à un taureau de cette race pour obtenir ce résultat, ils seront bien vite désillusionnés, car en Angleterre comme ailleurs la chair se fait avec de la bonne nourriture, et ceux qui voudront avoir de bons produits avec la race croisée bretonne-normande et celle d'Ayr devront nourrir beaucoup mieux qu'ils ne le font aujourd'hui.

Espèce Porcine.

L'espèce porcine que l'on trouve dans le canton de Janzé est la même que celle dont j'ai parlé au sujet des cantons précédents. Dans toutes les fermes on apprécie à sa juste valeur la viande de porc, mais ce n'est que dans un petit nombre qu'on rencontre des truies portières. On peut dire que cette industrie est encore dans l'enfance, parce que les fermiers ne réfléchissent pas aux avantages qu'ils pourraient en retirer. Que les cultivateurs se donnent la peine de lire ce que j'ai écrit précédemment à ce sujet, cela leur est appliquable; qu'ils essaient, et ils seront contents.

Espèce Ovine.

Il y a dans le canton de Janzé une race de moutons à laine courte, assez forts, que l'on voit dans un grand nombre de fermes; mais on ne les considère pas avec toute l'importance qu'ils méritent. A une époque où on tenait plus à la production de la laine qu'à celle de la viande, il aurait fallu changer cette race ou ne pas s'occuper de la production ovine ; mais aujourd'hui qu'il est bien démontré que la consommation de la viande de mouton va toujours croissant, que la France en achète plus de 160,000 têtes à l'étranger, cette race de moutons est bonne à garder.

Dans une exploitation rurale bien entendue, le mouton a sa place bien marquée; c'est ce qui a fait dire à un auteur que le récolte de la laine était, après celle du blé et du vin, la plus importante de notre agriculture. Ajoutons qu'ils fournissent du fumier plus actif que celui du cheval et du bœuf; que dans certains pays les brebis donnent du lait qui est consommé ou employé à la fabrication de bons fromages ; enfin, cette espèce nous fournit de la viande qui est très-estimée.

Outre ces avantages, dans une contrée comme celle de Janzé, où tous les cultivateurs savent tisser, où on rencontre un métier dans la plupart des fermes, on peut encore utiliser la laine.

Par toutes ces considérations, ce n'est pas deux ou trois têtes de moutons qu'il faut par chaque ferme du canton, ce n'est pas assez ; qu'ils fassent l'essai sur une douzaine, et bientôt l'utilité étant constatée, nous aurons la satisfaction d'en voir le nombre considérablement augmenter.

CANTON DE LIFFRÉ.

Ce canton se compose des communes de Chasné, Dourdain, Ercé près Liffré, la Bouexière, Liffré, Livré et Saint-Sulpice-la-Forêt.

Le canton de Liffré présente bien quelques fermes en bon rapport, mais il y en a un plus grand nombre qui réclament encore de grandes améliorations. L'exemple produit généralement de bons effets; l'expérience des uns peut servir à d'autres, mais ce n'est qu'à pas lents que le progrès se manifeste. Dans le canton de Liffré, outre le manque de capitaux, je crois qu'on peut attribuer en partie l'état arriéré de son agriculture aux droits de pacage dont jouissent un grand nombre de cultivateurs.

Espèce Chevaline.

Le canton de Liffré présente un certain nombre de juments poulinières de race bretonne, importées dans le pays; mais le manque d'étalons à proximité fait qu'il y a beaucoup de ces juments qui sont livrées aux chevaux du pays.

En 1854, il fut présenté dix-huit bonnes juments, suitées de poulains provenant d'étalons non autorisés et n'appartenant pas à l'administration des haras, une seule d'entre elles fut saillie par un étalon de la station de Fougères.

Au concours de 1855, il y avait six juments suitées de poulains de bonne origine, mais les cultivateurs n'avaient pas tous eu la précaution de conserver les titres pour faire la preuve. Eu égard à ce que dans plusieurs fermes du canton on se sert de bœufs pour les travaux des champs, souvent de chevaux entiers seuls ou attelés avec des bœufs, il serait facile de ménager les juments en ne les employant qu'aux travaux les moins fatigants, et on pourrait en obtenir de bons poulains. Du manque d'étalons dans le canton il résulte de grands inconvénients, attendu que plusieurs fermiers reculent devant la distance à parcourir pour s'en procurer, préférant employer un cheval du pays plutôt que d'aller à Fougères ou à Vitré. Cependant, si les propriétaires de juments poulinières réfléchissaient que très-souvent les chevaux non autorisés qui sont employés à faire la monte présentent des tares transmissibles, ils reconnaîtraient qu'ils ont encore avantage à faire quelques dépenses de voyage pour avoir recours à des étalons autorisés ou à ceux des haras.

D'une autre manière, s'il se trouvait dans le canton un propriétaire riche qui voulût rendre de grands services aux cultivateurs, il n'aurait qu'à faire l'achat d'un bon étalon de moyenne taille et de race bretonne. Présenté à la Commission hippique, un pareil étalon serait certainement autorisé, peut-être même approuvé, et ces récompenses dédommageraient considérablement l'acheteur des frais qu'il aurait pu faire pour se procurer un reproducteur.

Une autre considération non moins importante, c'est que tous les cultivateurs du canton qui auraient des juments suitées d'un étalon reconnu, non-seulement obtiendraient des produits meilleurs, mais ils pourraient recueillir des primes départementales dont l'ensemble est annuellement porté à 4,000 fr. Malgré les droits de pacage qui, au premier abord, peuvent paraître très-avantageux, puisque ces droits semblent donner le moyen de nourrir les animaux sans faire de dépenses, malgré ces droits, dis-je, j'engage les cultivateurs à ne pas trop compter sur ces pâturages, parce qu'il arrive souvent que les juments n'y trouvent pas une suffisante quantité de nourriture, et sont en même temps exposées à de graves accidents ou maladies.

Espèce Bovine.

On rencontre dans le canton de Liffré des animaux de l'espèce bovine de races bien différentes. A voir les uns, on serait porté à croire que l'agriculture y est prospère, tandis qu'il y en a qui annoncent que la nourriture y est rare. S'il est des circonstances où l'imitation soit un défaut, à coup sûr on peut adresser ce reproche à plusieurs cultivateurs du canton de Liffré. Parce qu'ils ont des rapports avec quelques bons fermiers de Fougères ou de la Normandie, parce qu'ils ont occasion de voir dans les foires de grandes et belles têtes de bétail se vendre des prix élevés, ils veulent en avoir de semblables. Dans un grand nombre de cas, la volonté de l'homme est bien puissante; mais pour celui dont il s'agit, il est nécessaire qu'elle se manifeste et soit mise en pratique longtemps à l'avance : ce n'est pas le tout que d'importer de grands bestiaux dans sa ferme, la première condition de succès est d'avoir de quoi les nourrir. Eh bien ! c'est le principal qui fait défaut dans le canton de Liffré, et on veut commencer par la fin.

En 1854, il y avait huit taureaux et quelques génisses au concours de Liffré ; en 1855, j'y ai compté huit taureaux et quatorze génisses.

Dans les deux concours, j'ai remarqué que la plupart des taureaux étaient de race normande, à robe brangée, grands, forts surtout en os, peu laitiers et peu musculeux. Il y avait en outre des mâles et des femelles de croisements divers. La bretonne pure n'y était pas, mais la bretonne-normande et la bretonne-normande-suisse y étaient représentées. En 1854, il n'y avait qu'une seule génisse médiocrement marquée pour le lait ; en 1855, j'ai pu me convaincre de nouveau que les bonnes laitières devenaient de plus en plus rares dans le canton de Liffré. Voilà l'effet d'un croisement mal entendu, qui se manifeste par la disparition presque complète des facultés laitières. C'est cependant cette qualité que les cultivateurs envient, c'est principalement les vaches laitières, et non les bêtes de boucherie, qu'ils recherchent. Un pareil résultat ne doit pas surprendre, et il peut servir d'enseignement pour d'autres.

On rencontre bien dans les cantons de Rennes des vaches de croisement breton-normand, qui sont bien marquées pour le lait, ont la peau fine et les os grêles ; mais ce croisement ayant été fait il y a nombre d'années, on s'en est tenu à un premier essai. Les cultivateurs de Liffré, au contraire, soit pour arriver à avoir la pure race normande, soit pour créer une nouvelle race, ont eu recours de nouveau au pur sang normand. Aujourd'hui, les résultats qu'ils ont obtenus sont tels, que la plupart des produits n'ont plus les qualités laitières des races bretonne et normande, qu'ils ont peu de chair, beaucoup de peau et d'os

Tels sont les inconvénients de vouloir entretenir de grandes races dans un pays où les principales ressources consistent dans les pâturages communaux, ou d'autres qui ne valent guère plus.

En attendant qu'on ait considérablement amélioré les terres qui sont en labour, défriché une partie des landes afin de pouvoir cultiver des fourrages et des racines pour nourrir le bétail, le meilleur moyen d'améliorer réellement l'espèce bovine des cantons de Liffré, c'est de renoncer complètement à tout croisement avec les taureaux normands ou autres en ayant du sang, et d'avoir recours uniquement au taureau de pure race bretonne.

Tandis que nous avons une race qui semble avoir été créée pour le canton de Liffré, qu'on chercherait à se procurer si elle était en Angleterre, pourquoi les agriculteurs de cette contrée ne l'ont-ils pas?

Quelles sont les qualités que l'espèce bovine doit avoir pour convenir au canton? Il faut qu'elle soit peu exigeante, capable de ramasser sa nourriture ras la terre, jouisse d'une grande rusticité, et malgré cela donne beaucoup de lait.

Voilà les qualités qui conviennent : ce sont celles de la pure race bretonne.

Espèce Porcine.

L'espèce porcine ne figurait pas au concours.

Le canton de Liffré produit peu de cochons comparativement à son étendue et à ses besoins. La principale nourriture du fermier c'est le porc salé, et encore ne peut-il pas disposer pour tous les gens qu'il occupe de la quantité nécessaire pour leur nourriture. Le porc se vend cher, cela est vrai; c'est la principale cause qui empêche l'homme de la campagne d'en manger; malgré cela, pas de changement dans les habitudes. Parce qu'on n'a jamais eu de truies portières dans une ferme, on ne commencera pas cette année. Ils ne se vendront pas toujours aussi cher; attendons. Voilà le langage que tient l'agriculteur. Il faut convenir qu'il est bien dans l'erreur; nous le plaignons sincèrement, car la première victime d'une semblable conduite, c'est lui.

Ce que j'ai écrit précédemment concernant l'espèce porcine s'applique également au canton de Liffré.

Espèce Ovine.

Il n'y en avait pas au concours. J'ai déjà dit que dans toutes les fermes du département l'espèce ovine pouvait convenir; j'ajouterai qu'elle est nécessaire, indispensable, surtout dans le canton de Liffré. Ce canton présente encore une certaine étendue de territoire, sur laquelle la végétation n'est pas très-grande, où l'espèce bovine aurait de la peine à trouver sa nourriture, et sur laquelle la bête ovine pourrait bien vivre. Sans parler des pâturages communaux, que je ne recommande jamais qu'à la dernière extrémité, même pour l'espèce ovine, je suis convaincu que les agriculteurs de Liffré auraient avantage à s'occuper plus en grand de l'espèce ovine. Les moutons qu'on y rencontre aujourd'hui sont de deux sortes : l'un petit, chétif, tantôt blanc, tantôt noir, se voit sur les landes; il n'est pas toujours la propriété des fermiers les plus misérables, attendu que j'ai ouï-dire bien souvent que c'était le propriétaire ou le fermier aisé qui profitait le plus des avantages des terrains communaux. Il y a en outre une race de moutons plus hauts, plus gros, à laine souvent meilleure.

Je ne puis qu'engager tous les cultivateurs du canton de Liffré à s'occuper davantage de la production de l'espèce ovine. Les observations que j'ai adressées à certain cantons leur sont communes.

CANTON DE MORDELLES.

Le canton de Mordelles est composé des communes de Chavagne, Cintré, L'Hermitage, Le Rheu, Moigné, Mordelles et Saint-Gilles.

Ce canton est généralement dans de bonnes conditions culturales, mais les fermiers ont conservé les habitudes de leurs ancêtres, c'est-à-dire qu'ils se contentent de récolter aujourd'hui les mêmes plantes qu'autrefois.

A quoi sert de cultiver le trèfle comme spécimen? Pourquoi ne fait-on pas d'autres plantes fourragères, et se contente-t-on de borner la culture des choux et des racines à un coin de jardin, tandis que l'agriculture perfectionnée doit produire en abondance tout ce qui est nécessaire à la bonne alimentation d'un grand nombre d'animaux?

La proximité de la ville est une ressource pour beaucoup de fermiers qui ont besoin d'engrais, mais il est reconnu que ce moyen, qui peut être très-avantageux dans le début de la mise en culture d'une exploitation, finit par devenir très-dispendieux ; aussi conseille-t-on d'une manière générale de faire beaucoup de fumier dans chaque ferme, afin de ne pas avoir besoin d'en acheter.

Espèce Chevaline.

Dans le canton de Mordelles, la plus grande partie des travaux agricoles se fait à l'aide de chevaux entiers, et parfois des attelages composés de bœufs et de chevaux. Les juments poulinières y sont tellement rares qu'on peut dire que ce canton élève, mais ne produit pas. En parlant des quatre cantons de Rennes, j'ai signalé les inconvénients des habitudes provenant de l'élève du cheval seulement; on peut en dire autant pour celui de Mordelles. Aux concours du canton, qui ont eu lieu en 1854 à Mordelles et en 1855 au Rheu, il n'y avait pas une seule jument; la Commission hippique a seulement fait remarquer un très-beau poulain de deux ans, provenant de l'étalon autorisé qui est dans le canton de Montfort.

Espèce Bovine.

L'espèce bovine est nombreuse dans le canton de Mordelles; les fermiers l'estiment beaucoup et la soignent de leur mieux pour en obtenir du lait et du beurre, mais ils ne la nourrissent pas encore suffisamment.

En 1854, il y avait douze taureaux et une vingtaine de génisses au concours de Mordelles, et en 1855 l'espèce était représentée par quinze taureaux et vingt-six génisses. Les animaux de cette espèce provenaient des croisements suivants : bretonne-normande, avec prédominance de sang breton chez les uns et de sang normand chez les autres; les premiers assez bien conformés en chair et laitiers, tandis que les seconds étaient généralement maigres, minces, avaient les os saillants, paraissaient étriqués et n'étaient pas laitiers.

Il y a une remarque assez importante à faire, c'est que le croisement breton-normand, avec suprématie de ce dernier, ne se présente pas avec des caractères également laitiers dans tous les cantons. Le degré de croisement, la manière dont les bêtes sont nourries, voilà probablement les principales causes de cette différence. Il y avait des bretons-normands croisés avec des descendants de la race suisse à la seconde ou troisième génération; ils étaient plus osseux que les autres, avaient la peau plus épaisse et paraissaient laitiers. Il y avait en outre un croisement durham provenant de l'école d'Agriculture, et une femelle de pure race bretonne. Eu égard aux habitudes culturales des fermiers du canton, malgré la qualité des terrains qui leur sont confiés, on peut encore faire observer qu'on ne fait pas assez de fourrages pour entretenir convenablement les vaches laitières.

Jusqu'ici, il faut reconnaître qu'en faisant des croisements on a agi sans réflexion; l'agriculteur ne peut faire qu'un seul reproche à la vache bretonne, c'est qu'elle est petite. Qu'on lui demande pourquoi il a croisé l'espèce qu'il avait avec la suisse? Pourquoi avec le taureau provenant d'un premier croisement normand-durham? Il n'en sait rien. Ce qu'il veut avant tout, ce sont de grandes vaches, afin d'en obtenir de beaux veaux, beaucoup de lait et de beurre, mais à la condition suivante : c'est qu'elles ne mangeront pas.

En résumé, les fermiers du canton de Mordelles, qui paraissent affectionner beaucoup l'espèce bovine, feraient bien de cultiver plus en grand les fourrages et les racines, de renoncer à l'abâtardir de plus en plus, et d'avoir recours à des reproducteurs mâles de la race bretonne pour améliorer les divers croisements qu'ils possèdent.

Espèce Porcine.

Les truies portières sont assez rares dans le canton de Mordelles, et cependant la production de l'espèce porcine s'allierait assez bien avec la fabrication du beurre. Si les agriculteurs voulaient, ils ont tous la facilité de produire le cochon; ils sont intéressés à le faire, mais ce n'est pas l'habitude du pays. Tout ce que j'ai dit précédemment à ce sujet, en envisageant les autres cantons, s'applique également à celui de Mordelles, qui avait omis de primer cette espèce au concours de 1855.

Espèce Ovine.

Dans ce canton, de même que dans plusieurs autres du département, la propriété est très-divisée; c'est peut-être à cette cause qu'il faut attribuer la rareté des animaux de l'espèce ovine. Certains cultivateurs prétendent que quelques moutons dans une ferme suffisent pour faire périr les haies, parce qu'ils ont l'habitude de les brouter, et que c'est pour ce motif qu'ils n'en ont pas. Lorsque des vaches se trouvent dans un enclos de haies, les bretonnes surtout, si elles n'ont pas d'herbe à pâturer, broutent les haies, les feuilles d'arbres parfois vénéneuses, et mangent toutes les verdures qu'elles peuvent atteindre; doit-on en conclure pour cela que les vaches ravagent les haies? Certainement non. Il en est de même pour les moutons, ils recherchent de préférence les bonnes herbes, et ce n'est que quand ils n'en ont pas à leur disposition qu'ils broutent les haies pour satisfaire leur appétit.

De ce que je crois qu'il serait avantageux d'avoir des moutons, on ne doit pas conclure qu'il faille les nourrir au pâturage; car pour cet animal, de même que pour l'espèce bovine, il vaut mieux avoir recours à la stabulation permanente. Ce que j'ai dit au sujet de l'espèce ovine est également applicable au canton de Mordelles.

CANTON DE SAINT-AUBIN-D'AUBIGNÉ.

Ce canton se compose des communes d'Andouillé-Neuville, Aubigné, Chevaigné, Feins, Gahard, Melesse, Montreuil-sur-Ille, Mouazé, Romazy, Saint-Aubin-d'Aubigné, Saint-Germain-sur-Ille, Saint-Médard-sur-Ille, Sens et Vieuxvy-sur-Couesnon.

Le canton de Saint-Aubin-d'Aubigné comprend une grande étendue de terrain; il y a des parties qui sont en bonne culture, d'autres qui sont médiocres, et enfin on en rencontre encore qui forment de vastes landes. Ce canton sera appelé à une grande prospérité à partir du jour où les agriculteurs sauront tirer parti du riche sablon calcaire qui est dans son sein. En attendant, l'état des cultures laisse à désirer, principalement pour celles concernant les bestiaux.

Espèce Chevaline.

Au concours de 1854, la Commission hippique eut à visiter un étalon, deux juments suitées et trente juments ou poulinières qui ne l'étaient pas; en 1855, il y avait sept juments suitées, dix pouliches de dix-huit mois et un étalon.

Les juments poulinières que l'on rencontre dans le canton appartiennent à deux races principales, l'une bretonne, l'autre de Fougères.

Dans les exploitations rurales, il y a des juments ou des chevaux entiers, parfois seuls chargés des travaux; mais le plus souvent les attelages sont composés de bœufs et de chevaux, ou bien de bœufs et de juments. J'ai déjà eu occasion d'exposer que les attelages mi-partis, comme on les établit dans le département, sont nuisibles à la production et à l'amélioration de l'espèce chevaline. Lorsqu'il y avait une station d'étalons à Rennes, les cultivateurs du canton de Saint-Aubin-d'Aubigné y conduisaient leurs juments, tandis que maintenant ils sont obligés d'aller à Fougères, Vitré ou La Boussac. Le manque d'étalons convenables dans le voisinage du canton est une cause qui empêche souvent que de bonnes juments soient livrées à la reproduction. Deux années consécutives, il a été fait appel aux habitants du pays pour les engager à avoir des étalons; il n'en est rien résulté. Cependant, il y a un grand nombre de personnes qui sont en position de contribuer à accroître l'espèce chevaline, et il est très-regrettable qu'on laisse subsister cet obstacle. Aux cultivateurs qui ont des juments, nous croyons devoir dire qu'il est de leur intérêt de ne plus avoir recours à des étalons non autorisés; d'une part, parce qu'il en résulte souvent des produits mal conformés ou tarés; ensuite, parce qu'ils ne peuvent pas concourir aux prix accordés par le département. En résumé, dans le canton de Saint-Aubin-d'Aubigné, il faut avoir recours à des bœufs pour le travail des exploitations rurales; ne plus acheter des poulains de six mois pour les élever entiers jusqu'à l'âge de quatre à cinq ans, et il faut faire saillir les juments par des étalons autorisés, approuvés, ou étant la propriété de l'Etat.

Espèce Bovine.

Dans le canton de Saint-Aubin-d'Aubigné, il se fait un très-grand commerce de beurre; c'est peut-être celui du département qui en fournit le plus. C'est à cette cause qu'il faut attribuer tout l'intérêt que les agriculteurs portent aux vaches laitières.

Le Comice de ce canton, reconnaissant avec juste raison la supériorité de certaines vaches pour la production du lait et du beurre, accorde des primes aux sujets présentant les signes les plus certains qui indiquent ces qualités; en agissant de la sorte, il a fait comprendre aux cultivateurs toute l'importance du système Guénon, et par ce moyen il a obtenu déjà de grandes améliorations. Grand nombre de fermiers commençaient à suivre une fausse route, en allant dans la Normandie chercher des taureaux afin d'améliorer leurs races bovines. Dans le canton de Liffré, nous avons observé que ce nouveau croisement avait augmenté le volume des os, rendu les animaux plus exigeants et diminué les qualités laitières; dans le canton de Saint-Aubin-d'Aubigné, les mêmes inconvénients se seraient propagés si le Comice ne s'y était opposé.

En 1854 et 1855, il y avait aux concours du Comice agricole des animaux de l'espèce bovine provenant de divers croisements. On y reconnaissait :

1° La bretonne-normande des environs de Rennes, chez laquelle les caractères de la race bretonne dominaient; elle était de moyenne taille, avait la peau fine, souple, une bonne conformation et de belles marques laitières;

2° Des bêtes de croisement breton-normand, avec plus de caractères de race normande, ayant un peu plus de taille que les premières, les os un peu plus gros, la peau plus épaisse, mais cependant encore libre, avec les muscles moins développés, et présentant des caractères laitiers presque égaux aux précédentes;

3° Des bêtes de pure race normande, ayant été introduites jeunes dans le pays, moins bien conformées que celles des précédents croisements, et moins laitières : voilà l'effet de l'importation d'une race mise dans des conditions moins favorables que celles d'où elle provient ;

4° Des bêtes de pure race bretonne, en bon état et laitières ;

5° Des bêtes ayant du breton, du normand et du suisse, présentant une assez belle conformation, avec des marques laitières, mais peu beurrières;

6° Enfin, il y avait un fort taureau de pure race normande, qui avait été élevé dans de gras pâturages, et qu'on présentait au dernier concours comme devant régénérer l'espèce bovine du pays. Il était beaucoup trop grand et trop fort pour le plus grand nombre des vaches du canton; il avait la charpente osseuse excessivement volumineuse, le cuir fort, et ne présentait aucun caractère laitier.

Dans le canton de Saint-Aubin, on n'en est plus à se demander quelle est la race qui convient le mieux au pays, ni à savoir si c'est à l'industrie du beurre ou à celle de la viande qu'il faut accorder la préférence, car le Comice a déjà résolu la question, et dans peu d'années les purs normands ne figureront plus au concours de Saint-Aubin-d'Aubigné. Non-seulement la marche suivie par le Comice est avantageuse pour l'industrie beurrière, mais elle met les cultivateurs à l'abri des difficultés résultant de l'entretien de grands animaux, lorsqu'on n'a pas assez de fourrages pour nourrir convenablement ceux de moyenne taille, pendant l'hiver surtout

Pour les mêmes motifs que j'ai déjà exposés au sujet de plusieurs cantons, par la raison aussi que les meilleures vaches du canton de Saint-Aubin sont celles qui se rapprochent le plus des caractères de la bretonne, je crois qu'il convient d'avoir recours au taureau pur breton du Morbihan ou de Quimper, suivant la taille plus ou moins élevée des vaches.

Espèce Porcine.

Il n'y avait pas d'animaux de l'espèce porcine au concours de Saint-Aubin-d'Aubigné, et cependant ils sont capables de rapporter de beaux bénéfices.

Il y a bien quelques cultivateurs qui ont des truies portières, mais le nombre est loin d'être suffisant. Dans toutes les fermes, il faudrait au moins une ou deux truies qu'on devrait livrer à la reproduction. Cette industrie procurerait de grands avantages sans occasionner beaucoup d'embarras. Je suis convaincu que dans le canton chaque truie produirait bien 300 fr. par an. J'ai exposé précédemment les motifs qui doivent engager les cultivateurs à s'occuper de la production de l'espèce porcine; que ceux du canton de Saint-Aubin l'envisagent sous ce rapport, et ils verront que je n'ai rien exagéré.

Espèce Ovine.

On rencontre quelques moutons dans le canton de Saint-Aubin, mais on ne s'occupe pas de ces animaux comme on devrait le faire. Il y a des fermes qui n'en ont pas, d'autres qui en ont quelques-uns, et généralement cette industrie est méconnue.

Il n'y a pas une ferme qui entretienne un nombre suffisant d'animaux des espèces chevaline et bovine pour fabriquer la quantité d'engrais qui lui est nécessaire. On dit toujours que la principale raison est le manque de nourriture. Cela est vrai; sous ce rapport, le nombre d'animaux est trop considérable; mais tant qu'on n'aura pas assez d'engrais pour rendre le sol plus fertile, on n'obtiendra pas plus de fumier.

Le meilleur moyen, c'est d'avoir en outre des bêtes des espèces porcine et ovine. En disposant convenablement des ressources que l'on rencontre dans toutes les exploitations rurales, il est facile d'entretenir en plus grand nombre, dans toutes les fermes, les diverses espèces animales qui font le sujet de nos observations, et d'arriver par cette combinaison à augmenter considérablement la richesse du pays.

ARRONDISSEMENT DE SAINT-MALO.

L'arrondissement de Saint-Malo est divisé en neuf cantons présentant de grandes différences entre eux, tant sous les rapports de la nature du sol et de son état, que sous ceux de la production et de l'élevage de nos principaux animaux domestiques. Le sol est humide dans certaines contrées, encore inculte dans d'autres, tandis qu'il est de nature calcaire et très-riche dans une grande partie de son étendue. La luzerne, qui est regardée par tout le monde comme produisant un fourrage abondant et de bonne qualité, est cultivée en grand dans l'arrondissement de Saint-Malo, tandis qu'elle ne réussit pas dans le reste du département.

La culture du tabac occupe une place importante dans cet arrondissement, attendu que cette plante exige une grande richesse du sol et des sarclages minutieux; il en résulte des préparations très-avantageuses pour les plantes qui doivent lui succéder. Outre les avantages d'un bon sol, le voisinage de la mer donne à un grand nombre de cultivateurs la facilité de se procurer à bas prix un amendement stimulant par excellence; aussi les prairies artificielles y sont-elles nombreuses, les racines y sont-elles cultivées en grand, et peut-on dire avec juste raison que l'agriculture y est en voie de progrès.

Il est bien reconnu que la nature du sol et le genre de culture influent considérablement sur la quantité et les propriétés des plantes, qui agissent elles-mêmes sur le développement et le tempérament des animaux. Puisque l'arrondissement de Saint-Malo réunit tous ces avantages, on peut dire qu'il est dans les conditions les plus favorables pour la production et l'entretien des diverses espèces animales dont nous nous occupons.

CANTON DE CANCALE.

Ce canton comprend les communes de Cancale, Hirel, La Fresnais, Saint-Benoît-des-Ondes, Saint-Coulomb et Saint-Méloir-des-Ondes.

Les agriculteurs de ce canton sont généralement considérés comme étant de bons travailleurs, et malgré leurs dispositions pour la pêche et la marine, ils tirent bien parti du sol qui leur est confié.

Espèce Chevaline.

Aux concours du Comice agricole de 1854 et 1855, il n'a pas été présenté une seule jument ni un seul étalon à la Commission hippique. Chez les agriculteurs, les juments sont tellement rares, qu'on peut dire que ce canton ne produit pas de poulains. Les travaux des exploitations rurales sont faits à l'aide de chevaux entiers, importés et élevés dans le canton de l'âge de six à dix-huit mois, jusqu'à celui de quatre à cinq ans.

Les chevaux que l'on rencontre dans le canton de Cancale proviennent des foires de Dol ou de Lamballe; ils sont de race bretonne, de la taille de 1 mètre 48 à 1 mètre 55 centimètres, de robe variable, mais la grise est la plus estimée; ils sont bien conformés, le plus ordinairement en bon état, et rendent d'excellents services.

On a l'habitude, au concours du Comice agricole, d'accorder quelques primes aux plus beaux poulains : il est permis de douter que les sommes affectées à cet usage produisent les effets qu'on devrait en attendre. Il peut arriver que la prime soit accordée pour un animal acheté la veille et qui sera vendu le lendemain du concours; ou bien qu'elle soit donnée à un agriculteur qui aura abusé prématurément de la force et de la vigueur du poulain. Dans cette circonstance, la prime ne doit pas avoir pour but d'engager les fermiers à acheter de bons poulains, car leur intérêt est là; ils savent très-bien, non-seulement qu'un bon animal ne leur coûtera pas plus à nourrir qu'un mauvais, mais qu'ils en obtiendront plus de services et sera d'une vente plus facile. Si on espère qu'ils seront mieux soignés, il est très-douteux qu'on atteigne ce but, attendu que les primes ne sont pas assez importantes pour déterminer le propriétaire d'un poulain à faire quelques sacrifices en vue d'obtenir une récompense aussi minime.

Il faut croire que les attelages de labour, composés de bœufs et de chevaux, sont très-rares dans le canton de Cancale, puisqu'il n'y en avait pas aux concours des deux dernières années. Si les cultivateurs de ce canton avaient des juments poulinières à la place de chevaux entiers, ils pourraient tous les ans vendre de bons poulains, et obtenir par ce moyen plus de bénéfices qu'en se livrant à l'élevage.

Les habitudes d'un pays sont des conditions parfois difficiles à changer, et comme le succès d'une entreprise agricole réclame toujours la participation des gens de la localité, il est important de s'assurer tout d'abord leur concours.

J'ai fait remarquer qu'en s'occupant exclusivement de l'élève de l'espèce chevaline, les fermiers éprouvaient des pertes, tandis qu'il est au contraire bien démontré que dans les exploitations agricoles bien dirigées la production du même animal procurait ordinairement de beaux bénéfices.

Espèce Bovine.

Dans les exploitations rurales du canton de Cancale, il y a un moins grand nombre de vaches que dans la plupart de celles de l'arrondissement de Rennes; on les a pour en obtenir des veaux, du lait et du beurre. On vend ordinairement les veaux mâles pour la boucherie, et on élève quelques génisses pour remplacer les vaches. A en juger par les animaux qui représentaient l'espèce aux concours de 1854 et de 1855, il faut croire que les cultivateurs du canton agissent au hasard et n'ont pas encore d'idées bien arrêtées au sujet de l'amélioration de l'espèce bovine par croisement.

Il y avait des génisses ressemblant beaucoup à celles provenant du croisement breton-normand, avec prédominance du dernier sang. Elles étaient hautes sur membres, la plupart jarretières, de robe brangée, minces de corps, reins bas, croupe et queue très-relevées, hanches saillantes, peu musclées, cornes fines et grisâtres, et assez bien marquées pour le lait.

Eu égard à la conformation des bêtes de cette catégorie, je suis porté à croire qu'elles se développent lentement, que la nourriture ordinaire du pays ne leur convient pas; elles doivent être difficiles à engraisser, et malgré les signes que j'ai observés, elles produisent peu de lait. Aux mêmes concours, il y avait des types de croisement breton-normand, chez lesquels les caractères de la race bretonne dominaient. Ils étaient moins grands, plus étoffés, avaient la ligne du dessus plus horizontale, les muscles plus prononcés, les cornes courtes, fines, blanches, de robe alezan, avec plus ou moins de blanc sous le ventre, et présentaient de bons signes laitiers. Il est probable que les vaches de ce croisement conviennent mieux au pays et produisent plus de lait que les autres.

Il paraît que les deux variétés précédentes ont été croisées, soit avec la pure race suisse de Schwitz, soit avec des taureaux descendant d'elle. Toutes les bêtes qui avaient du sang suisse avaient les membres très-osseux et bien d'aplomb, la tête forte, les cornes courtes, grosses et de couleur terreuse, le cuir épais, peu libre, la robe alezan fauve, avec une raie tantôt grisâtre, d'autres fois noirâtre, sur le milieu du dos et des reins. La race suisse avait en outre produit plus de régularité dans la conformation du corps, diminué un peu les formes anguleuses, mais elle n'avait pas augmenté les qualités laitières, car il y avait plusieurs sujets qui ne présentaient que de mauvais signes.

D'après les caractères que présentent toutes les bêtes qui ont plus ou moins de sang suisse, on peut affirmer qu'elles ne peuvent pas convenir dans le plus grand nombre de fermes du canton, parce qu'elles ne possèdent pas les qualités voulues.

Après avoir fait connaître l'état dans lequel sont les bêtes bovines du canton de Cancale, voyons par quels moyens on pourrait les améliorer.

Disons tout d'abord qu'il n'y a pas d'améliorations possibles sans avoir recours à une bonne alimentation; qu'il est bien reconnu qu'on rend les animaux précoces en les nourrissant abondamment, surtout pendant le jeune âge; qu'il ne faut jamais avoir recours à des reproducteurs mâles dont on ne connaît pas parfaitement la généalogie, surtout à ceux provenant de plusieurs croisements et étant bien éloignés de former race, encore moins à des mâles ne possédant pas les qualités que l'on recherche. C'est parce que ces principes ont été méconnus que le canton de Cancale présente des bestiaux aussi abâtardis.

Pour remédier à ces inconvénients, il faut pouvoir modifier l'espèce bovine de telle manière qu'elle soit plus facile d'entretien, meilleure laitière et plus apte à l'engraissement. Puisque toutes les vaches chez lesquelles les caractères de la race bretonne l'emportent sur ceux des races normande et suisse sont considérées comme étant les mieux appropriées aux besoins, le moyen le plus certain d'améliorer l'espèce bovine du canton, c'est d'abandonner les mâles bâtards, ainsi que les suisses et les normands, et d'avoir recours au taureau de pure race bretonne.

Espèce Porcine.

L'espèce porcine est l'objet d'un commerce très-étendu de la part d'un certain nombre d'habitants de l'arrondissement de Saint-Malo, et cependant les agriculteurs sont bien éloignés de s'en occuper autant qu'ils le devraient. Dans toutes les contrées du département, on trouve à vendre facilement les cochons soit de lait, soit gras, soit maigres; il en est de même dans le canton de Cancale, qui, de plus qu'un grand nombre d'autres, peut envoyer au loin la viande de porc sans qu'il lui en coûte beaucoup de transport.

On rencontre bien des truies portières dans quelques exploitations rurales du canton, mais on peut dire que la production porcine n'a pas l'importance qui lui est assignée en faveur de la classe agricole. Sous le rapport de la race qui est la plus répandue, je sais bien qu'il y a quelques propriétaires à avoir des cochons anglais, mais les plus nombreux sont ceux de race bretonne. Au concours de 1855 il y avait trois verrats de race bretonne, dont la conformation laissait à désirer, et il n'y en avait pas de provenance étrangère.

De ce que les bonnes races anglaises ne sont pas plus répandues dans l'arrondissement de Saint-Malo, quelques cultivateurs des autres arrondissements du département pourraient peut-être conclure qu'elles ne possèdent pas toutes les qualités qu'on leur assigne, et cela parce que cet arrondissement ne profite pas de la facilité qu'il a de s'en procurer; il faut plutôt attribuer au manque de prévoyance l'état dans lequel se trouvent la production, l'élevage et le choix de la race porcine dans le canton de Cancale, attendu que les commerçants de Saint-Malo ne peuvent pas satisfaire à toutes les demandes, et qu'ils paient plus cher la viande provenant des cochons des races anglaises.

Tout ce que j'ai dit au sujet des autres cantons du département concernant les avantages de la multiplication de l'espèce porcine, au point de vue des améliorations agricoles, est applicable au canton de Cancale, et on ne saurait trop engager les cultivateurs à s'occuper plus en grand de cette branche de l'industrie rurale.

Espèce Ovine.

Le canton de Cancale ne doit pas attacher une grande importance à l'espèce ovine, puisqu'on ne rencontre qu'un petit nombre d'animaux de cette espèce chez les agriculteurs. Cependant, placé auprès de celui de Dol, qui jouit d'une grande réputation parce qu'il fournit des moutons de pré-salé, Cancale aurait également pu profiter des conditions favorables de sa situation, et obtenir certains bénéfices en s'occupant de la production de l'espèce ovine.

Si ce canton le voulait, il pourrait entretenir de bons moutons qui seraient vendus fort cher, soit pour le département ou l'étranger. Dans une exploitation rurale, il faut tirer parti de tout; de petits bénéfices journaliers finissent par avoir une grande importance à la fin de l'année.

En résumé, le canton de Cancale ne possède pas un assez grand nombre d'animaux; la nature de son sol, la facilité qu'il a de l'amender à peu de frais le mettent à même de produire une plus grande quantité de fourrages, de pouvoir entretenir convenablement des juments poulinières, des vaches laitières, des porcs et des moutons.

CANTON DE CHATEAUNEUF.

Les communes qui font partie de ce canton sont : Châteauneuf, Lillemer, Miniac-Morvan, Pleguer, Saint-Guinoux, Saint-Père et Saint-Suliac.

La fertilité du canton de Châteauneuf est très-variable. Passablement cultivé par endroits, très-médiocre ou inculte dans d'autres, il en résulte que les animaux se ressentent de l'état plus ou moins prospère du sol. Il existe bien quelques contrées qui présentent de grandes difficultés pour le cultivateur, mais il en est encore de médiocres et de mauvaises par sa faute.

Dans combien de fermes du département ai-je entendu dire : Je laisse ces champs incultes parce que je n'ai pas d'engrais; ou bien : parce que j'ai besoin d'eux pour pâture; d'autres fois : parce que j'en ai trop; enfin : parce que les autres me suffisent pour nourrir ma famille et payer mon maître.

Il résulte de ce qui précède qu'un grand nombre de cultivateurs ne tirent pas toujours le meilleur parti possible de leur situation.

Espèce Chevaline.

La production chevaline est très-bornée dans le canton de Châteauneuf ; les fermiers se servent le plus ordinairement de chevaux entiers; quelques-uns ont des bœufs; mais il est assez rare qu'on fasse les travaux des champs avec des attelages de juments poulinières.

En 1854, il y avait au concours du Comice agricole de Châteauneuf une quinzaine de bonnes juments bretonnes, de la taille de 1 mètre 55 centimètres environ; les unes étaient suitées de poulains de l'année qui provenaient d'étalons non autorisés, les autres n'avaient pas de poulains.

Au concours de 1855 il n'y avait que trois poulains et deux pouliches de dix-huit mois à trois ans, avec deux juments suitées de poulains de six mois sortis d'étalons non autorisés et n'étant pas de l'administration des haras.

Les chevaux et les juments que présente le canton de Châteauneuf sont généralement de race bretonne, et ont été achetés aux foires de Lamballe, à l'âge de six à dix-huit mois.

Avec des juments doublées comme celles qui ont été présentées dans les deux concours du Comice, il est regrettable que les agriculteurs n'accordent pas tous la préférence plutôt à la production chevaline qu'au système d'élevage, car ils pourraient être assurés d'obtenir de bons produits.

J'ai bien ouï-dire que le manque d'étalons placés à proximité du canton avait pu être un obstacle à l'achat de juments poulinières; mais il est probable qu'il faut attribuer à d'autres causes les habitudes des cultivateurs. Si chaque fermier avait chez lui plusieurs juments poulinières, au lieu d'acheter des poulains il pourrait en vendre, et comme des juments ne lui coûteraient pas plus à nourrir que des chevaux entiers, il en résulterait que le produit de la vente des poulains viendrait s'ajouter aux autres bénéfices de l'exploitation.

Pour produire de bons poulains, faciles à élever et à vendre à toutes les époques de la vie, il faut que les cultivateurs qui possèdent des juments pour la reproduction aient recours à des étalons bretons, ou à d'autres ayant peu de sang anglais (de bons demi-sang doublés donneraient des poulains d'une vente facile).

Espèce Bovine.

S'il faut en juger d'après l'état des bestiaux qui étaient aux concours du canton de Châteauneuf en 1854 et 1855, il est probable qu'ils ne sont pas convenablement soignés. Tandis que, dans tous les concours d'animaux reproducteurs où figurent des exposants anglais, on peut objecter que les animaux sont trop gras, on pourrait adresser le reproche contraire aux cultivateurs de Châteauneuf, attendu que les bestiaux étaient généralement maigres dans les deux derniers concours. Au concours de 1855, il y avait vingt-quatre génisses et deux taureaux : les femelles étaient généralement à robe brangée, minces de corps, hautes sur membres, avaient le garrot et le dos tranchants, les reins bas et la queue haute; la plupart avaient les cornes blanches, minces, courtes, et le plus grand nombre ne présentait pas de marques laitières.

On peut considérer l'espèce bovine du canton de Châteauneuf comme ayant beaucoup plus de normand que de breton; cependant, il y a encore quelques sujets ayant moins de taille, plus de coffre, à robe alezan sans raies noires, et présentant de bonnes marques laitières : ceux-là ont plus de breton que de normand.

Il est à remarquer que dans les cantons de Liffré et de Saint-Aubin-d'Aubigné, les bêtes qui, par leur conformation, se rapprochent le plus de la race normande, ont les os très-gros, tandis que dans le canton de Châteauneuf celles de la même catégorie ont les os minces et saillants.

Je constate ce fait pour faire observer que dans le même département les animaux de la même espèce, provenant des mêmes croisements, présentent de grandes différences de conformation et de qualités, et qu'on ne doit pas être surpris lorsque des bestiaux, appartenant parfois à des départements voisins, d'autres fois venant des contrées éloignées, ne se comportent pas de la même manière dans les pays ou ils sont importés.

Les influences locales sont tellement puissantes sur les animaux, qu'on pourrait parvenir, après quelques générations, à les constater non-seulement par départements, mais encore par cantons, par communes, et même par exploitations rurales.

Sans doute, *à force de soins et de dépenses,* nous pouvons entretenir en santé toutes les espèces animales provenant des régions les plus lointaines; mais il ne nous est pas toujours donné, en les traitant comme celles que nous possédons, de les conserver dans leur état, avec leurs qualités, parce qu'elles ont constamment à lutter contre les influences locales.

Si on prenait en sérieuse considération ces faits qui découlent de l'expérience, la manie des croisements français par les races étrangères serait moins répandue, nous améliorerions nos races par elles-mêmes, et les agriculteurs éprouveraient moins de mécomptes.

Au dernier concours de Châteauneuf, les deux taureaux qui y étaient avaient du breton, du normand et du suisse. Avec des mâles ne formant pas race, comment améliorer l'espèce bovine, déjà très-défectueuse et abâtardie, qui se trouve dans le canton de Châteauneuf? On ne doit pas s'attendre à faire quelque chose de bien.

M. Magon de la Ville-Huchet, près Châteauneuf, a chez lui des vaches de la race de Jersey, qui lui donnent beaucoup plus de lait et de beurre que celles du pays.

Je suis porté à croire, d'après sa conformation et ses qualités, que cette race pourrait bien convenir non-seulement dans le canton de Châteauneuf, mais même dans une grande partie de l'arrondissement.

De ce que la pure race de Jersey paraît prospérer dans le canton de Châteauneuf, il ne faut pas en conclure qu'elle soit capable d'améliorer l'espèce ; c'est ce que nous apprendrons en visitant d'autres cantons.

En résumé, puisque ce canton n'a que des vaches maigres, il ne faut pas l'engager à grandir l'espèce ; ce qu'il a de mieux à faire pour l'améliorer, c'est de lui donner une meilleure nourriture, et d'avoir des taureaux de pure race bretonne.

Espèce Porcine.

L'espèce porcine se rencontre généralement dans toutes les fermes du canton de Châteauneuf, mais il n'y a qu'un petit nombre de truies portières.

Quoiqu'on ait l'habitude d'élever des cochons pour les besoins domestiques et qu'il en soit engraissé quelques-uns de la race bretonne, ce canton ne doit pas être considéré comme producteur.

Au dernier concours du Comice agricole, on n'a pas pu décerner les prix qui devaient être donnés à l'espèce porcine, parce qu'il ne fut pas présenté un seul sujet.

Dans le canton de Châteauneuf, il y a bien quelques propriétaires-cultivateurs qui cherchent à donner le bon exemple, mais ils ont peu d'imitateurs.

Tout ce que j'ai dit concernant les avantages que les agriculteurs peuvent obtenir en s'occupant de la production de l'espèce porcine est également applicable au canton de Châteauneuf.

Espèce Ovine.

Il n'y a pas de troupeaux de moutons qui puissent être considérés comme faisant partie importante des fermes du canton. On rencontre bien quelques animaux de cette espèce, mais on ne les regarde pas comme devant sérieusement occuper l'attention des cultivateurs. Cependant, M. de la Ville-Huchet, président du Comice agricole du canton de Châteauneuf, avait cru devoir donner l'exemple, il y a quelques années, en introduisant dans le pays un bélier et deux brebis new-kent.

Les fermiers du canton pourraient facilement entretenir un certain nombre de brebis de la race du pays, s'habituer à la production et à l'élève de cette espèce, qui leur procureraient de beaux bénéfices; mais il est nécessaire qu'ils soient encouragés par le Comice.

Il n'y avait pas de moutons au dernier concours, parce qu'ils ne devaient pas être primés.

CANTON DE COMBOURG.

Les communes qui sont comprises dans ce canton sont : Bonnemain, Combourg, Cuguen, Lanhélin, Lourmais, Meillac, Saint-Léger, Saint-Pierre-de-Plesguen, Tréméheuc et Tressé.

Dans le canton de Combourg il y a des terrains en bonne culture, et il en est qui sont en landes et comme abandonnés.

Les améliorations agricoles s'opèrent bien lentement, parce que les engrais font défaut. Quoique ce canton présente encore une grande étendue de terres incultes, ce qu'il convient mieux de faire, c'est d'augmenter la fertilité de celles qui sont en labour.

Accorder des primes pour défrichement dans un pays où les terres cultivées ont encore besoin d'être améliorées, c'est engager les agriculteurs dans une entreprise ruineuse, et leur faire abandonner le bon pour le mauvais, ou tout au moins le certain pour l'incertain.

Il y a encore beaucoup à faire pour mettre en culture tout le canton de Combourg; mais pour cela il faut des engrais, et pour s'en procurer il faut des animaux.

Espèce Chevaline.

En 1854, la Commission hippique eut à visiter au concours de Combourg trois juments suitées et un étalon.

Au concours de 1855, il y avait quatre juments suitées, un étalon, plusieurs juments qui n'avaient pas été saillies, et cinq poulains de dix-huit mois ayant été primés aux concours précédents.

Les juments que présente ce canton sont de race bretonne; on paraît préférer celles qui sont de robe grise. Elles ont la tête parfois un peu longue et camuse, les yeux assez vifs, les oreilles bien placées, l'encolure courte, le garrot un peu bas, le dos et les reins droits, souvent doubles; la croupe est courte, large et avalée; le poitrail large, la côte ronde, le ventre gros, les épaules droites et sèches; les avant-bras courts, manquant de muscles, sont peu gigottés, avec les genoux et les jarrets étroits, les canons longs, les paturons obliques et pourvus d'une grande quantité de poils; elles ont les sabots un peu évasés et manquant de talons.

La taille ordinaire des juments de ce canton est de 1 mètre 49 à 1 mètre 54 centimètres.

Cette race est très-estimée dans le pays, parce qu'elle est d'un caractère facile, rend de grands services dans les exploitations rurales et qu'elle donne de bons poulains.

A une époque, il y avait une station d'étalons à Rozlandrieux, et c'était là qu'on les faisait saillir; mais soit que les juments ne fussent pas bien préparées, ou parce que les étalons n'étaient pas prolifiques, toujours est-il qu'il en résultait peu de poulains.

Depuis trois ans on a mis une station d'étalons à La Boussac, chez M. de Landal : c'est un peu loin pour le canton, et le plus grand nombre de juments sont maintenant saillies, soit par l'étalon de M. de Taffen, qui est autorisé, ou bien par les chevaux entiers employés aux travaux des fermes.

L'étalon de sang a de grandes qualités, cela est incontestable ; mais vouloir avec lui régénérer toute l'espèce chevaline est la plus grande faute que l'on puisse commettre.

Il faut bien reconnaître que les propriétaires de juments poulinières n'ont pas toujours pris toutes les précautions nécessaires pour élever convenablement les poulains provenant des chevaux de l'administration des haras; mais il faut admettre aussi qu'on leur a bien souvent fourni des étalons qui n'étaient nullement en rapport avec leurs juments, et c'est à cette cause qu'il faut attribuer le discrédit de certaines stations et le peu de confiance dans les mesures qu'on a trop voulu généraliser.

Il y a trois ans, un fermier présenta au concours de Combourg une bonne jument suitée d'un poulain de l'année. M. C... lui dit : La carte, la carte? Monsieur, je n'en ai pas. — D'où vient ce poulain? — D'un cheval à moi, répond timidement le paysan. — Alors vous ne pouvez pas concourir. Êtes-vous dans l'intention de faire saillir votre jument l'année prochaine? — Oui, Monsieur. — Vous aurez une saillie gratuite.

Cette année-là, ce fermier avait certainement le plus beau poulain du concours, tandis que l'année dernière il en a présenté un bien médiocre.

De ce fait, il ne faut pas conclure qu'il ne faille jamais avoir recours aux étalons de l'administration des haras, ni qu'on doive prendre pour étalons les premiers chevaux venus.

Puisque l'administration n'a que des chevaux de sang, dans l'intérêt des agriculteurs il serait à désirer qu'elle changeât de système.

Puisque les juments du canton de Combourg donnent de bons produits avec les étalons de race bretonne, des chevaux de cette race qui seraient bien constitués, exempts de tares héréditaires et qui auraient fait leurs preuves, pourraient parfaitement convenir.

Espèce Bovine.

L'espèce bovine sert principalement, dans les fermes de ce canton, à produire du lait et du beurre; il y a bien quelques attelages avec des bœufs, mais la plupart des travaux des exploitations rurales sont faits avec des juments ou des chevaux entiers.

On ne peut admettre que les agriculteurs soient satisfaits des animaux de l'espèce bovine qui étaient aux derniers concours de Combourg. Les vaches du canton sont de taille moyenne, elles ont les os minces, les hanches saillantes, la poitrine étroite, la croupe tranchante dans le milieu, la queue haute; elles sont peu musclées, plusieurs même sont minces, comme étriquées, à robe plus ou moins brangée, et quelques-unes sont assez bien marquées pour le lait. Les taureaux qui étaient au concours présentaient les mêmes défectuosités de formes que les vaches et les génisses; ils étaient en outre très-osseux et peu laitiers.

Tous les animaux de l'espèce bovine étaient maigres et paraissaient appartenir à la même variété.

S'il y a quelques bonnes vaches dans le canton de Combourg, elles doivent être bien rares; car, à en juger par les types de l'espèce qui étaient au concours, on ne peut admettre qu'elles aient des qualités.

Il est probable qu'elles sont le résultat de croisements breton et normand, mais ne présentant plus de trace du premier sang.

Voilà un canton dont l'agriculture est loin d'être aussi avancée qu'elle devrait l'être, parce qu'elle ne veut pas se contenter de la race bretonne et aspire à avoir la race normande.

Qu'en résulte-t-il? N'ayant pas de quoi subvenir aux besoins de l'espèce, on la voit toujours décharnée; elle ne peut donner beaucoup de lait, puisque ce n'est que le surplus de la nourriture nécessaire à l'entretien de la vie qui est transformé en lait; elle coûte plus qu'elle ne rapporte, et au lieu d'aider le fermier à payer le propriétaire de la terre, elle doit plutôt être considérée comme une véritable sangsue.

Avec un peu de réflexion, on aurait bien pu prévoir ce qui est arrivé.

On a voulu mettre la race normande dans les landes de Combourg, elle a dû trouver une grande différence entre les gras pâturages d'Embouche, et ceux qui ne paraissent destinés que pour les lièvres.

Si les agriculteurs du canton de Combourg faisaient beaucoup de plantes sarclées, cultivaient en grand les prairies artificielles, on pourrait comprendre leurs intentions; mais en attendant qu'ils soient parvenus à atteindre ces résultats, ils feront bien de renoncer à leurs projets de grandeur, et de se contenter de leur race indigène (la pure bretonne).

En résumé, pour chercher à ramener l'espèce bovine du canton de Combourg au type et aux qualités les plus convenables pour le pays, il convient d'avoir recours à une plus abondante nourriture et au taureau de pure race bretonne.

Espèce Porcine.

Au dernier concours du Comice agricole du canton de Combourg, il y avait un verrat et une truie de race bretonne, présentant les mêmes défauts et les mêmes qualités que celle dont j'ai parlé au sujet de l'arrondissement de Rennes. Ses défauts sont d'être très-exigeante, sans aptitude à l'engraissement et sans précocité; sa seule qualité est d'être rustique. Lors même qu'elle proviendrait de la race normande, elle présente la même conformation que la nôtre.

Il y a quelques agriculteurs qui s'occupent de la production porcine; mais le nombre en est encore assez limité, et les nombreuses portées qu'on rencontre à certaines foires de Combourg ne sont pas toutes de ce canton. Cependant, si les fermiers voulaient, ils pourraient à peu de frais réaliser des bénéfices. Dans certaines contrées on ramasse avec beaucoup de soin les glands pour nourrir les cochons; il serait facile d'en faire autant dans celle-ci. Ce n'est pas la nourriture qui manque pour l'espèce porcine, mais le bon vouloir, l'habitude; car il n'est pas une ferme du canton, si petite et si arriérée qu'elle soit pour l'agriculture, qui ne puisse convenablement entretenir au moins une truie portière.

Les cochons se vendent bien cher; pendant longtemps il en sera de même. Ce n'est pas seulement parce que notre département n'en produit pas; il y en a un très-grand nombre d'autres qui sont dans la même position, et avant que tous aient fait sous ce rapport les progrès nécessaires, les fermiers d'Ille-et-Vilaine ont le temps de faire de grands bénéfices.

Aujourd'hui, une truie portière peut produire 300 fr. par an. Quels avantages!

Nous engageons donc tous les agriculteurs du canton de Combourg à avoir une ou plusieurs truies portières, suivant l'importance et l'étendue de leur exploitation.

Espèce Ovine.

On rencontre dans le canton de Combourg deux races de moutons : l'un de petite taille, qui peut fournir de vingt à trente livres de viande; l'autre, plus grand et plus fort, qui en donne de quarante à cinquante livres.

Le premier passe son temps sur les landes; l'autre est dans les fermes les mieux cultivées du canton, et bien souvent il est vendu comme venant de Dol.

Il y a plusieurs cultivateurs qui s'occupent de la production et de l'élève du mouton, mais ils ne font pas cette opération assez en grand pour pouvoir réaliser des bénéfices importants.

Les pâtures dans lesquelles la vache ne peut trouver de quoi vivre, et où le mouton pourrait prospérer, sont encore nombreuses dans le canton; on peut donc entretenir des moutons pour utiliser les herbes qui seraient perdues.

L'engrais manque dans le canton de Combourg : le mouton en fournissant de bien supérieur à celui des espèces chevaline, bovine et porcine, c'est encore un motif de plus en faveur de cet animal.

Sans rechercher tout d'abord le mouton à laine fine, les agriculteurs n'ont qu'à se contenter de la race du pays pour en obtenir de la laine, de la chair et du fumier; plus tard ils pourront l'améliorer par croisement, ou en importer une autre qui leur paraîtrait plus avantageuse.

CANTON DE DOL.

Ce canton se compose des communes de Baguer-Morvan, Baguer-Pican, Cherrueix, Dol, Épiniac, Le Vivier, Mont-Dol et Rozlandrieux.

Le canton de Dol peut être considéré, sinon comme étant le plus productif du département, au moins comme étant dans les conditions les plus favorables sous ce rapport. La nature de son sol, conquis en partie sur la mer, jouit d'une fécondité tellement grande, que toutes les graines qui lui sont confiées produisent des plantes d'une vigueur et d'une force extraordinaires. Toutes les plantes fourragères les meilleures (luzerne, ray-grass) sont tellement prospères, qu'elles donnent annuellement plusieurs coupes; les prairies naturelles fournissent de bons regains. Si à ces avantages on ajoute qu'il produit en abondance les meilleurs grains, qu'on cultive en plein champ les carottes, les betteraves, les choux et les navets, tout aussi bien que dans les meilleurs jardins des environs de Rennes, on aura une idée des conditions avantageuses du canton de Dol, et l'on saura qu'avec l'intelligence et le savoir des cultivateurs il n'est rien d'impossible concernant l'industrie agricole.

Espèce Chevaline.

L'espèce chevaline est nombreuse dans le canton de Dol : c'est là qu'on rencontre les plus beaux chevaux bretons du département ; ils servent aux travaux des fermes, le plus souvent seuls, rarement avec des bœufs. La plupart des cultivateurs ont l'habitude d'acheter des poulains de six à dix-huit mois dans les Côtes-du-Nord ; ils les élèvent jusqu'à l'âge de quatre à cinq ans, pour les revendre et les remplacer par de plus jeunes. A moins de cas maladifs ou de méchanceté, les chevaux sont tous conservés entiers, et un cheval hongre serait moins estimé.

La contrée de ce canton qui avoisine Rozlandrieux présente un certain nombre de bonnes juments bretonnes qui sont livrées à la reproduction lorsque les étalons ne font pas défaut.

Ces juments ont généralement la taille de 1 mètre 50 et quelques centimètres, sont bien conformées et donnent de bons poulains. Il est à remarquer que pendant toute l'année les chevaux entiers, les juments et les poulains sont toujours bien soignés, vigoureux et en bon état, tandis que dans presque tout le département l'hiver amaigrit considérablement les animaux de la même espèce.

Quoique le canton de Dol vende très-cher les chevaux entiers qu'il a élevés, eu égard au prix primitif d'achat des poulains, aux chances de perte auxquels ils sont exposés, et malgré tous les avantages d'une culture perfectionnée, je suis certain qu'il y aurait encore beaucoup plus de bénéfice à avoir des juments poulinières.

Au concours de Dol, en 1854, il y avait une jument suitée d'un poulain de l'année provenant d'un étalon de l'administration, et douze juments qui avaient été saillies par des étalons du pays, non autorisés.

En 1855, le même concours présentait trois juments suitées et seize poulains de dix-huit mois.

Il est regrettable que l'administration des haras n'ait pas pris en considération les observations qui lui étaient faites par les propriétaires de juments, et qu'au lieu de cesser l'envoi d'étalons à Rozlandrieux, parce qu'ils ne faisaient pas un assez grand nombre de saillies, elle n'ait pas maintenu la station, en la composant de reproducteurs mieux appropriés aux besoins du pays. S'il y avait toujours eu de bons étalons à Rozlandrieux, tous les agriculteurs du canton de Dol auraient peut-être aujourd'hui des juments poulinières.

En résumé, de bons étalons de race bretonne sont nécessaires dans le canton de Dol, et il est à désirer que tous les cultivateurs aient des juments poulinières de préférence à des chevaux entiers.

Espèce Bovine.

L'espèce bovine est nombreuse dans le canton de Dol; les fermiers en ont pour avoir des veaux qu'ils vendent aux bouchers, et pour en tirer du lait dont ils vendent le beurre.

Aux concours de 1854, il y avait des mâles et des femelles; à celui de 1855, on comptait neuf taureaux et trente-six génisses.

Je suis porté à croire que les animaux présentés aux concours représentaient bien l'espèce du pays, attendu que deux années de suite ils ont figuré avec les mêmes caractères.

Le plus ordinairement, lorsqu'on se propose de conduire un animal dans un concours, on le prépare soit pendant quelques mois, soit quelques jours seulement à l'avance, suivant l'objet de la lutte qui doit avoir lieu.

D'après le mauvais état dans lequel les animaux étaient présentés aux concours de Dol, surtout en 1854, on voyait bien qu'ils n'avaient pas été préparés, et ils donnaient une triste idée des soins et de la nourriture du pays.

Ce canton a également eu le caprice des croisements, de sorte qu'il présente plusieurs variétés dans l'espèce.

Les bêtes bovines pouvaient être classées dans les catégories suivantes :

1° De race normande dégénérée (c'étaient les plus grandes), à robe alezan foncé avec des raies noires, ce que l'on désigne dans le pays par l'expression de *brangée;* plusieurs avaient la charpente très-osseuse, sans chair, surtout à la région de la cuisse; la poitrine étroite, les membres longs, le garrot et le dos droits et minces, les reins très-bas, l'attache de la queue très-haute, les hanches saillantes : elles ne présentaient pas de bonnes marques laitières.

2° Il y en avait provenant soit des Côtes-du-Nord, croisée avec la normande, soit de celle très-répandue dans le département (bretonne-normande), croisée une seconde fois avec la précédente (race normande), qu'on peut considérer comme dégénérée. Les bêtes de cette catégorie avaient moins de taille, paraissaient moins osseuses, présentaient les mêmes défectuosités de conformation, mais elles étaient un peu plus laitières, et généralement à robe alezan, avec plus ou moins de blanc aux membres, au front et sous le ventre.

3° Quelques bêtes, ayant la même taille que celles de la première catégorie, avec les mêmes défauts et encore moins de caractères laitiers, à robe alezan pâle mêlé de blanc, paraissaient être le résultat du croisement de la race normande dégénérée avec la race mancelle;

4° Enfin, au dernier concours seulement, il y avait quelques types indiquant du breton et du suisse, avec moins de taille, plus de lait, des reins plus droits, des hanches moins saillantes que les catégories précédentes.

Toutes les vaches du canton de Dol ont les cornes blanches, courtes et fines en proportion, quel que soit le croisement duquel elles proviennent.

Comment se fait-il donc que ce canton, qui dispose d'une si grande quantité de fourrages et qui a la facilité d'en produire de toutes sortes, présente des animaux de l'espèce bovine aussi maigres, aussi défectueux et aussi abâtardis?

Les rapports des fermiers avec certaines contrées de la Normandie ont pu les déterminer à opérer ces croisements, afin d'avoir comme elle de grandes et fortes bêtes, bonnes pour le lait et la boucherie. Mais soit manque de soins bien entendus, influence des pâturages ou autres causes locales, il est à remarquer que la race est devenue beaucoup plus légère dans ses formes, qu'elle a acquis plus de longueur de membres, a perdu de sa précocité, ainsi que ses facultés laitières et d'engrais.

Un grand observateur du canton de Dol me disait au dernier concours qu'il avait remarqué que les lièvres du marais de Dol avaient les membres plus longs et moins musclés que ceux du terrain.

Est-ce à la prévoyance de la nature ou à la négligence de l'homme qu'il faut attribuer les formes défectueuses de l'espèce bovine de ce canton?

Comme nous n'avons pas soumis les bêtes bovines à la domesticité pour les confier ensuite aux soins de la nature, nous croyons que le savoir de l'homme est assez grand pour pouvoir les soustraire aux influences locales, puisqu'il peut à volonté, avec des soins, de la nourriture et des alliances bien entendues, modifier les formes et les qualités de l'espèce.

En résumé, le canton de Dol présente des bêtes bovines défectueuses et abâtardies; le meilleur moyen de faire consommer plus avantageusement les fourrages dont il dispose, c'est de les croiser avec une race plus précoce, à formes arrondies, et présentant les qualités laitières que l'on envie dans le pays.

Parmi les races étrangères, il ne faut pas songer à la durham, parce qu'elle deviendrait bientôt étriquée comme la normande, ensuite parce qu'elle n'est pas dans tous les cas très-bonne laitière. Faut-il avoir recours à la race suisse? Je ne le pense pas, parce qu'elle est trop osseuse. Avant de pouvoir conseiller un croisement, il faut avoir des données certaines, autant que possible, de sa convenance.

En attendant que des propriétaires riches aient tenté des croisements de l'espèce du pays avec la race d'Ayr ou toute autre, nous pensons qu'il convient d'avoir recours au taureau breton de Quimper, parce que les vaches qui annoncent le plus de sang breton sont celles qui paraissent les meilleures du pays.

Espèce Porcine.

Dans le canton de Dol, les agriculteurs s'occupent beaucoup plus de la production porcine que dans les autres contrées du département; on peut encore objecter que cette industrie est loin d'avoir pris les proportions nécessaires, et qu'elle n'a pas fait choix d'une bonne race.

Aux concours du Comice, il y avait un certain nombre de verrats; c'est ce qui démontre l'importance que l'on attache à la reproduction de l'espèce et les bonnes dispositions des agriculteurs du canton.

Il est vrai qu'il y a un grand nombre de fermiers qui ont des truies portières; mais tous n'en ont pas, et dans ce canton mieux que dans tout autre on a la facilité de bien les nourrir.

Parmi les verrats qui étaient au concours, il y en avait qui étaient de race bretonne, d'autres des normands dégénérés, et un avait de la race craonnaise. Les verrats des deux premières races étaient minces et un peu conformés pour la course; le craonnais était meilleur, mais il était encore loin de présenter toutes les qualités de sa race.

Les agriculteurs qui s'occupent depuis longtemps de la production de l'espèce feraient bien de la nourrir plus abondamment, et s'ils croisaient celle du pays avec la race anglaise new-leicester, ils auraient des cochons plus gros, tout aussi longs et aussi grands, mais qui seraient bien supérieurs à ceux qu'ils ont, parce qu'ils seraient plus précoces et plus aptes à l'engraissement.

Espèce Ovine.

L'espèce ovine est nombreuse dans le canton de Dol, il y en a dans presque toutes les fermes; elle est très-renommée et produit de beaux bénéfices. Les moutons de Dol sont remarquables par leur taille élevée, leur corpulence, l'abondante toison et le goût exquis de leur viande. Pâturant dans une contrée abandonnée par la mer, les plantes salées les conservent en bonne santé, les rendent gros et gras, et communiquent à leur chair un goût particulier qui la fait très-rechercher pour la table des gourmets.

Il n'est pas rare de voir des moutons de Dol produire de 50 à 60 et quelques livres de viande, et la meilleure preuve qu'elle est plus estimée que celle fournie par les moutons des autres contrées, c'est que les bouchers la vendent ordinairement plus cher.

Le canton de Dol a la facilité de s'occuper plus en grand de la production, de l'élevage et de l'engraissement de l'espèce ovine. Dans les fermes où la culture est perfectionnée, dans celles où il n'y a que des prairies artificielles, dans celles enfin où la garde des moutons pourrait présenter quelques inconvénients, on peut les soumettre au régime de la stabulation permanente. Dans les contrées incultes, avoir recours à la stabulation permanente est une opération difficile; mais dans celles où la végétation et l'agriculture sont aussi productives que dans le canton de Dol, on ne peut faire aucune objection contre ce système.

Puisque les cultivateurs de Dol sont dans des conditions aussi favorables, il est de leur intérêt d'avoir un grand nombre de moutons. Le Comice de Dol, appréciant à sa juste valeur toute l'importance que présente la production ovine, décerne à tous les concours un certain nombre de primes aux béliers les mieux conformés et présentant la plus belle toison.

En résumé, le canton de Dol est dans de bonnes conditions culturales, il aurait avantage à s'occuper de la production chevaline; il a beaucoup à faire pour améliorer les espèces bovine et porcine, et il est de son intérêt de s'occuper plus en grand des diverses espèces animales, parce qu'il possède tous les éléments de succès.

CANTON DE PLEINE-FOUGÈRES.

Ici se trouvent les communes de La Boussac, Pleine-Fougères, Roz-sur-Couesnon, Sains, Saint-Broladre, Saint-Georges-de-Grehaigne, Saint-Marcan, Sougéal, Trans et Vieuxviel.

Ce canton présente des contrées dont l'agriculture est avancée, et d'autres où elle laisse encore beaucoup à désirer ; cependant, à proximité de la mer, il emploie en grande quantité l'amendement qu'elle fournit. Quoique voisin de la Normandie, il est bien éloigné d'offrir ses avantages, tant sous le rapport cultural que sous celui de la valeur des animaux.

Espèce Chevaline.

Il y a à La Boussac, chez M. de Landal, une station d'étalons appartenant à l'administration des haras.

Ce canton présente un certain nombre de juments qui

sont employées pour les travaux agricoles et pour la reproduction; mais cette industrie ne se rencontre pas dans toutes les fermes. Il y a des cultivateurs qui emploient des chevaux entiers, et quelques-uns ont des bœufs.

En 1854, il y avait au concours de Pleine-Fougères sept juments suitées de poulains de l'année, et cinq qui n'avaient pas été saillies.

En 1855, il n'y avait que cinq juments dans les conditions du programme de la Commission hyppique, et trois pouliches qui avaient été présentées avec leur mère l'année précédente.

On dit que les étalons de La Boussac font un grand nombre de saillies : la Commission hippique devrait voir les poulains qu'ils donnent, soit à Combourg, Dol, Antrain ou Pleine-Fougères; elle a déjà remarqué qu'ils n'étaient pas très-nombreux.

Les juments du canton de Pleine-Fougères sont assez bien conformées pour faire de bonnes poulinières; elles sont de race bretonne, de la taille de 1 mètre 46 à 1 mètre 50 cent.

On peut reprocher à quelques cultivateurs de ce canton de trop fatiguer les juments; d'où il résulte qu'elles sont maigres, et plus souvent exposées à donner de mauvais produits.

Quoique les agriculteurs soient à même de voir comment la Normandie produit et élève le cheval, ils préfèrent avoir recours à la race bretonne de préférence à la normande, parce que cette dernière est moins douce, plus irritable et moins bonne pour le travail de l'agriculture.

Les juments du pays ont donné quelques beaux poulains avec *Klopstoc*, étalon commun de l'administration.

Si les cultivateurs du canton s'occupaient davantage de la production chevaline, ils pourraient en obtenir de beaux bénéfices; mais pour cela ils feraient bien, toutes les fois qu'ils auraient des poulains de sang, de les vendre à la Normandie, d'abord parce qu'ils les fatigueraient trop à les faire travailler chez eux et qu'ils compromettraient leur avenir, ensuite parce qu'il est bien plus lucratif de vendre 400 fr. un poulain de six mois que d'attendre jusqu'à l'âge de quatre à cinq ans pour en tirer 7 à 800 fr.

Espèce Bovine.

L'espèce bovine du canton de Pleine-Fougères était représentée au dernier concours par cinq taureaux et onze génisses. On pouvait les classer en deux catégories, savoir :

1° Ceux de race normande dégénérée, présentant les caractères de l'espèce de Dol, avec des os moins gros et des muscles plus développés; ils étaient de robe brangée et un peu laitiers.

2° Il y avait des bêtes ayant un peu moins de taille, plus grosses, mieux marquées pour le lait et plus en chair, de robe alezan à taches blanches, ressemblant beaucoup à certaines vaches que l'on rencontre dans les environs d'Avranches.

Dans les deux catégories, elles avaient les cornes courtes et blanches; mais la plupart avaient les reins bas et la queue haute.

Quoique ce canton ne puisse pas disposer d'une aussi grande quantité de fourrages que celui de Dol, il est à remarquer que tous les bestiaux du concours étaient en meilleur état.

Les agriculteurs du canton paraissent attacher une certaine importance à la production du lait, et cependant les vaches qu'ils ont sont bien moins laitières que dans la Normandie et celles de race bretonne. Je suis porté à croire que les vaches de la seconde catégorie, qui ressemblent un peu à celles d'Avranches, proviennent du croisement des vaches normandes du pays avec le gros taureau de notre département, qui a plus de sang breton que de normand. Comme ce sont les types de ce croisement qui paraissent les plus laitiers et les plus aptes à l'engraissement, il conviendrait d'avoir recours à des taureaux de race ancienne, laitiers et bien conformés, comme sont les bretons de Quimper.

Ce canton n'a pas assez de fourrages pour entretenir convenablement la race normande, c'est ce qui fait qu'elle subit les modifications que j'ai signalées; ayant tantôt recours au taureau de race normande, et parfois au taureau breton-normand, il en résulte des produits abâtardis qui, sans avoir les qualités des races d'où ils proviennent, en ont tous les défauts.

Espèce Porcine.

Les cultivateurs du canton comprennent bien les avantages que présente la production de l'espèce porcine; aussi presque tous ont-ils des truies portières. Au dernier concours de Pleine-Fougères, il y avait trois verrats du pays, un verrat anglais et six truies. La race porcine du pays n'est autre que la normande, ayant, sous l'influence de soins moins bien entendus, acquis une charpente osseuse plus forte, tout en conservant sa taille.

Le Comice agricole, reconnaissant les inconvénients de la race du pays, tout en cherchant à encourager la production, veut la modifier en la croisant avec la race anglaise. En suivant ce croisement, on est assuré d'obtenir des cochons ayant les os moins gros, plus précoces et d'un entretien beaucoup plus facile.

C'est à l'expérience à prononcer pour savoir si c'est à un premier, à un deuxième ou à un troisième croisement qu'il faudra s'arrêter.

En attendant, nous engageons fortement les cultivateurs du canton de Pleine-Fougères à redoubler de soins pour les animaux de l'espèce porcine, et d'avoir recours au verrat anglais pour améliorer promptement la race qu'ils ont.

Espèce Ovine.

Il y a des animaux de l'espèce ovine dans un grand nombre de fermes du canton, mais ils sont loin d'être aussi beaux que ceux de Dol. Au dernier concours de Pleine-Fougères, cette espèce y était représentée par dix têtes.

Les agriculteurs du canton peuvent facilement entretenir beaucoup mieux un plus grand nombre de moutons ; ils ne doivent pas négliger les avantages que présente cet animal : comme j'ai déjà eu occasion de le dire, il n'est pas de petits bénéfices, il faut savoir tirer parti de tout.

Ce que j'ai dit à ce sujet, en parlant des cantons de l'arrondissement de Rennes, est applicable à celui de Pleine-Fougères.

En résumé, ce canton fait un peu de tout ; mais il peut faire mieux en apportant plus de soins dans le choix des diverses variétés des espèces animales.

CANTON DE PLEURTUIT.

Les communes qui composent ce canton sont : Pleurtuit, Saint-Briac, Saint-Énogat, Saint-Lunaire et Leminihic.

Séparé du département d'Ille-et-Vilaine par la Rance, ce canton a des fermes qui sont en bonne culture ; mais il présente encore des terres qui ont grand besoin d'être travaillées et amendées. Les agriculteurs font des fourrages, quelques-uns cultivent des racines, mais pas assez en grand pour pouvoir bien entretenir le bétail.

Espèce Chevaline.

En 1854, la Commission hippique eut à visiter une jument suitée d'un poulain provenant d'un étalon autorisé dans le département des Côtes-du-Nord ; elle autorisa un étalon remarquable appartenant à M. de Kerpoisson.

En 1855, au concours de Pleurtuit, l'étalon de M. de Kerpoisson, qui avait fait vingt-quatre saillies tant dans le canton de Pleurtuit que dans celui de Châteauneuf, fut de nouveau autorisé. Il n'y eut que trois juments, dont deux étaient suitées.

D'après les exhibitions des deux concours, on voit que les juments poulinières sont assez rares dans le canton de Pleurtuit; c'est cependant avec l'espèce chevaline que se font la plupart des travaux agricoles. Les fermiers, à proximité des Côtes-du-Nord, ont l'habitude d'acheter des poulains de race bretonne, de trait, de l'âge de six à dix-huit mois, de les élever en travaillant jusqu'à l'âge de quatre à cinq ans, pour les vendre aux foires des environs, principalement à celles de Dinan.

En parlant des cantons de Rennes, j'ai blâmé cette habitude; ce que j'ai dit à ce sujet est applicable à ce canton.

Espèce Bovine.

Au dernier concours de Pleurtuit, l'espèce bovine était représentée par deux taureaux et huit génisses.

Ce canton est celui du département où on rencontre le moins de mélanges de races; je pense qu'on doit l'attribuer à la difficulté qu'il a d'avoir des rapports avec les autres, et à ce que dans les Côtes-du-Nord il a été introduit un moins grand nombre de taureaux normands, suisses, ou autres races étrangères.

Les femelles du pays sont plus grandes que la pure race bretonne; elles ont les membres très-fins, ce qui annonce une charpente osseuse convenable, le corps ample, les cornes blanches, courtes, fines; elles sont pour la plupart de robe alezan, avec des marques blanches de grandeur variable.

Les qualités laitières de l'espèce ne doivent pas être très-prononcées, à en juger d'après le système Guénon, attendu qu'il n'y avait pas une seule bête parmi celles du concours qui pût être classée comme franche.

Il y avait un taureau provenant d'une vache de Jersey et d'un pur breton. Sa robe était blanche et noire; il était mince de corps, avait la croupe très-étroite, surtout à sa partie postérieure, et proportionnellement les membres trop longs; mais il était remarquable par ses caractères laitiers et beurriers.

Ce qu'il convient mieux de faire pour améliorer l'espèce bovine du canton de Pleurtuit, c'est d'avoir recours au taureau pur breton de la race du Morbihan; par ce moyen, on ramènera la race à son type primitif, ou on l'aura meilleure.

La petite race bretonne devrait parfaitement convenir dans le canton de Pleurtuit, parce que les agriculteurs n'ont pas à leur disposition une suffisante quantité de nourriture pour entretenir de grands bestiaux.

Espèce Porcine.

Plusieurs fermiers du canton s'occupent de la production de l'espèce porcine, mais il reste encore beaucoup à faire sous ce rapport. Il y avait quatre verrats au dernier concours de Pleurtuit, dont trois étaient de race craonnaise et un de la race du pays.

Quoique les trois verrats craonnais fussent de pure race, eu égard à ce qu'ils avaient été élevés dans trois fermes différentes et qu'ils n'avaient pas été également bien soignés, on peut dire qu'ils ne se ressemblaient nullement. En effet, un seul était dans de bonnes conditions, et les deux autres ne valaient pas celui de la race du pays, parce qu'ils paraissaient être beaucoup plus osseux, sans paraître meilleurs par ailleurs.

Ce fait, parmi un grand nombre d'autres, ne démontret-il pas les obstacles qu'on rencontrera toujours toutes les fois qu'on voudra introduire dans une contrée soit une race étrangère plus forte que l'alimentation du pays ne la comporte, soit une race factice habituée à de grands soins, ou bien une race qui aura contre elle des habitudes nouvelles, une alimentation de nature différente, enfin qui ne se trouvera plus dans les conditions qui lui sont nécessaires ?

Lorsqu'il s'agit d'essayer une nouvelle race, il arrive souvent que les agriculteurs la placent dans les mêmes conditions que celle qu'ils ont, la soignent parfois moins bien, afin de vérifier si elle profitera beaucoup sans manger. Avec les habitudes et le caractère des agriculteurs du département, il faut toujours redouter les inconvénients résultant du manque de soins et de nourriture, surtout lorsqu'il s'agit d'une nouvelle race qui en exige plus que celle qu'ils ont.

Cependant, la race craonnaise est bien supérieure à la nôtre; le Comice de Pleurtuit avait bien agi dans l'intérêt des agriculteurs du canton, et il a suffi que deux verrats de cette précieuse race tombassent chez de mauvais cultivateurs pour la discréditer et la faire descendre au même rang que la race bretonne.

La production de l'espèce porcine est une source de richesse pour l'agriculteur qui sait en tirer parti. Le Comice de Pleurtuit fait des efforts pour faciliter le développement de cette utile industrie; c'est aux fermiers intelligents qu'il appartient de donner le bon exemple et de profiter de ses avantages.

Espèce Ovine.

Les agriculteurs du canton de Pleurtuit n'attachent pas une grande importance à l'espèce ovine; ceux qui ont des animaux de cette espèce ne leur prodiguent pas beaucoup de soins, et leur nombre ne paraît pas vouloir augmenter.

J'ai déjà dit qu'il était possible d'avoir un certain nombre de moutons dans chaque ferme du département, que les cultivateurs qui n'en avaient pas méconnaissaient leurs intérêts.

Le canton de Pleurtuit, situé non loin de Dinan (où les moutons jouissent d'une certaine réputation), doit profiter de tous les avantages que peut présenter la production de l'espèce ovine.

Ce que j'ai dit précédemment au sujet du mouton s'applique également au canton de Pleurtuit.

En résumé, les agriculteurs du canton de Pleurtuit doivent augmenter l'étendue des cultures fourragères, avoir des juments poulinières à la place des chevaux entiers, améliorer l'espèce bovine qu'ils ont en la croisant avec le taureau de pure race bretonne du Morbihan, avoir un plus grand nombre de truies portières et de brebis, pour pouvoir améliorer les terres qui leur sont confiées et en obtenir de bons produits.

CANTON DE SAINT-MALO.

Paramé et Saint-Malo sont les communes qui forment ce canton.

Le canton de Saint-Malo est un de ceux qui présentent le moins d'étendue; la terre est généralement bonne et bien cultivée; les agriculteurs sont très-industrieux sous ce rapport, mais ils ne s'occupent guère de la production des diverses espèces animales.

Espèce Chevaline.

Au concours de 1854, la Commission hippique eut à visiter une seule jument; elle était suitée d'un poulain de l'année.

Au concours de 1855, il n'y avait pas une seule jument.

Les cultivateurs du canton se servent de chevaux entiers

qu'ils vont acheter dans les Côtes-du-Nord à l'âge de six à dix-huit mois, mais principalement à cette dernière époque. On n'a pas l'habitude d'acheter des bœufs pour les travaux des exploitations.

Dans un canton comme celui de Saint-Malo, où on ne rencontre accidentellement que quelques juments usées, employées à la reproduction par des propriétaires riches, il ne faut pas s'attendre à voir la production chevaline prendre de l'extension.

Espèce Bovine.

Au concours de 1855, il y avait deux taureaux, huit vaches et trente-trois génisses. L'espèce bovine du canton est bien abâtardie; les bonnes bêtes bien conformées doivent y être bien rares, car il n'y en avait pas dans les deux derniers concours. Les cultivateurs du canton n'attachent pas d'importance à la production de l'espèce bovine; ils agissent au hasard, en prenant le premier taureau venu, sans s'inquiéter des résultats.

Les bêtes qui étaient au dernier concours avaient les os gros, les muscles émaciés, les reins bas, la queue haute, le corps mince; quelques vaches étaient assez bien marquées pour le lait; mais les génisses ne l'étaient pas.

D'après les caractères que ces animaux présentaient et les renseignements qui m'ont été donnés, il y en avait ayant du breton et du normand : c'étaient les meilleurs; d'autres, ayant du breton-normand-nantais, ne valaient rien; il y en avait chez lesquels les caractères normands dominaient sur le sang breton. En général, les bêtes de ce concours étaient bien médiocres.

Pour améliorer une espèce animale, ou pour la conserver belle et bonne, on recommande toujours de faire choix de reproducteurs ayant une belle conformation et possédant les qualités que l'on veut propager.

Il y avait au concours de ce canton un taureau ayant du breton, du normand et du suisse, que je considère comme le plus mauvais de tout le département pour sa conformation défectueuse et les indices de défauts.

Tandis qu'on a l'habitude de décerner des prix aux taureaux capables d'améliorer, on ferait bien dans certains cas d'en donner aux propriétaires de taureaux défectueux, à la condition qu'ils les feraient castrer dans les vingt-quatre heures, pour les empêcher de se reproduire.

Le canton de Saint-Malo, malgré son voisinage de l'Angleterre et la facilité qu'il a de se procurer des reproducteurs de bonnes races, est celui du département qui présente les plus vilaines bêtes de l'espèce bovine.

Je crois qu'il n'y aurait pas avantage à améliorer l'espèce bovine de ce canton par croisement, parce qu'il faudrait beaucoup de temps et de persévérance pour y arriver; il vaudrait peut-être mieux importer mâles et femelles d'une nouvelle race.

Cependant, si les cultivateurs voulaient mieux nourrir leur bétail et introduire dans le pays des taureaux de pure race bretonne de Quimper, on pourrait encore lui imprimer certaines modifications qui la rendraient plus apte à donner du lait, et à fournir de la viande en plus grande quantité et à bien meilleur marché.

Espèce Porcine.

Au dernier concours il y avait un verrat et une truie de race anglaise, et un verrat du pays. La production de l'espèce porcine n'a lieu que chez quelques cultivateurs; elle est tellement bornée, qu'on peut dire qu'elle ne fait pas partie des exploitations rurales. Cependant, dans ce canton tout aussi bien que dans les autres du département, les agriculteurs ont la facilité de produire avantageusement l'espèce porcine. L'état arriéré des agriculteurs, concernant certaines branches de l'industrie rurale, ne doit-il pas être attribué à l'abandon de leurs propriétaires, pour la plupart grands capitalistes!

Tout ce que j'ai dit concernant les avantages que les agriculteurs de l'arrondissement de Rennes peuvent obtenir en s'occupant de la production porcine, est en tout point applicable à ceux du canton de Saint-Malo.

Espèce Ovine.

Il n'y avait pas de moutons au dernier concours, et il n'y en a qu'un bien petit nombre dans les exploitations rurales du canton. (*Voyez ce qui est écrit pour l'arrondissement de Rennes.*)

CANTON DE SAINT-SERVAN.

Les communes qui composent ce canton sont : La Gouesnière, Saint-Jouan-des-Guérets et Saint-Servan.

Dans le canton de Saint-Servan, il y a des propriétaires riches qui s'occupent d'agriculture et d'amélioration des races; ils obtiennent de très-bons résultats, mais il est à remarquer que leurs imitateurs sont loin d'être aussi heureux.

Espèce Chevaline.

Il n'y a pas de juments dans les exploitations rurales du canton de Saint-Servan.

En 1854, il n'y eut pas un animal de l'espèce chevaline de présenté au concours, et en 1855 il n'y avait qu'une seule jument.

Les travaux agricoles se font à l'aide de chevaux entiers; je n'ai même pas vu d'attelages de bœufs dans les deux concours de labourage.

Si les agriculteurs du canton renonçaient à l'habitude

qu'ils ont d'élever seulement le cheval pour le remplacer par la production et l'élève des animaux de l'espèce bovine, je crois qu'ils auraient plus d'avantage. (*Voyez à ce sujet l'arrondissement de Rennes.*)

Espèce Bovine.

Il y avait au dernier concours de Saint-Servan une trentaine d'animaux d'espèce bovine qui étaient très-remarquables.

Les animaux présentés pouvaient être considérés comme appartenant aux variétés suivantes :

1° A la pure race normande : ils étaient grands, forts, bien conformés et bien marqués pour le lait;

2° De race normande dégénérée, moins grands et moins forts que les précédents, formes plus angulaires, muscles moins prononcés et marques laitières médiocres.

3° Des types de croisement normand avec la race suisse, ayant la queue plus épaisse que les deux catégories précédentes, les os plus gros, quelques marques laitières sans qualité.

4° Des produits ayant du breton, du normand et du suisse, moins grands que les autres, à conformation défectueuse et marques laitières très-variables.

5° Des bêtes présentant les caractères de la bretonne croisée avec la normande, mais chez lesquelles le sang breton domine : elles étaient généralement bonnes.

6° Enfin, un taureau de pure race de Jersey, laitier, encore jeune et à formes un peu étriquées. Il y avait en outre des vaches de pure race de Jersey, remarquables par la finesse de la peau, les caractères laitiers et les os minces; elles étaient plus petites que celles des catégories précédentes.

Dans ce canton, on paraît avoir soin des bêtes bovines, on les estime beaucoup pour leur lait, mais il est regrettable qu'on ne cherche pas à conserver chaque race dans son état de pureté.

Il y aura sous peu des produits du taureau de race jersayaise avec les diverses variétés qui sont dans le canton; alors on pourra définitivement se prononcer sur ce croisement.

Il est probable que le croisement du taureau de Jersey avec la petite vache bretonne-normande, chez laquelle le sang breton domine, pourra être bon ; mais avec la pure race normande, ou bien avec la normande dégénérée, ou bien encore avec celle ayant du breton, du normand et du suisse, il est douteux que les résultats soient très-avantageux.

La race de Jersey est très-précieuse pour l'abondance et la qualité de son lait; mais les taureaux ont généralement des formes qui laissent à désirer.

Pour améliorer les diverses variétés de l'espèce qui sont dans le canton, peut-être aurait-on été plus heureux si on avait eu recours au taureau de la race bretonne de Quimper, qui est plus fort, plus musculeux, de race plus ancienne que celle de Jersey, et qui présente en outre les mêmes qualités.

Espèce Porcine.

On rencontre dans le canton de Saint-Servan quelques propriétaires riches qui s'occupent de la production et de l'élevage de l'espèce porcine. Il y a aussi quelques agriculteurs qui marchent sur leurs traces ; mais il reste encore beaucoup à faire pour donner à cette industrie toute l'extension qu'elle pourrait comporter.

Au dernier concours, il y avait quatre animaux d'espèce porcine de race anglaise.

Ce canton s'occupe beaucoup de la production porcine ; dès le début, il a tranché les difficultés en multipliant la race anglaise pure.

Lorsqu'il y aura un plus grand nombre de cultivateurs à avoir des truies portières de pure race anglaise, le département pourra s'adresser au canton de Saint-Servan, qui sera dans peu de temps à même de pouvoir en fournir.

Je n'ai aucune observation à faire concernant la production de l'espèce porcine dans le canton de Saint-Servan, attendu que le Comice exerce une influence qui produit les meilleurs effets.

Espèce Ovine.

L'espèce ovine n'est pas aussi nombreuse qu'elle devrait l'être; cependant, M. de Kergariou, président du Comice agricole de Saint-Servan, donne de bons exemples; il a des brebis de pure race dishley et de pure race new-kent.

Puisqu'il y a des reproducteurs de bonnes races, les agriculteurs sont à même de pouvoir en profiter, et puisqu'il est bien reconnu qu'il n'en coûte pas davantage pour élever des moutons à laine fine que des moutons communs, ils feront bien de tenter quelques essais à ce sujet.

Mais ce qu'il y a de plus urgent, c'est que les cultivateurs qui ne s'occupent pas de la production de l'espèce ovine aient un certain nombre de brebis.

Ce que j'ai dit au sujet de l'espèce ovine, en parlant de l'arrondissement de Rennes, est applicable à ce canton.

En résumé, malgré les améliorations acquises, ce canton laisse encore à désirer, et il peut, avec les éléments dont il dispose, parfaitement vaincre toutes les difficultés.

CANTON DE TINTÉNIAC.

Les communes qui composent ce canton sont : La Baussaine, Chapelle-aux-Filzméens, Longaulnay, Plesder, Pleugueneuc, Saint-Domineuc, Saint-Thual, Tinténiac, Tréverien et Trimer.

C'est dans ce canton que le premier concours de Comice agricole a été donné; c'est à M. de Lorgeril, de Plesder, qu'est due l'initiative de cette utile institution.

Ce canton comprend une grande surface territoriale, où l'on rencontre des parties en bonne culture et d'autres qui laissent à désirer.

Espèce Chevaline.

La plupart des cultivateurs du canton de Tinténiac emploient des chevaux entiers pour labourer la terre; quelques-uns ont des juments qui sont parfois livrées à la reproduction; enfin, le plus petit nombre emploie les bœufs pour les travaux des exploitations rurales.

Aux deux derniers concours du canton, la Commission hippique n'a pu accorder de primes aux juments suitées de poulains de l'année, parce qu'il n'y en avait pas dans les conditions de son programme. Elle a cependant remarqué quelques bonnes juments de race bretonne, qui pourraient donner de beaux poulains si elles étaient saillies par des étalons convenables.

Au concours de 1854, il n'y avait qu'une jument suitée d'un poulain de six mois; à celui de 1855, il y avait deux juments dans les mêmes conditions, c'est-à-dire ayant des poulains provenant d'un étalon non autorisé.

Les agriculteurs de ce canton, au lieu de s'occuper à élever des chevaux entiers, feraient bien mieux d'avoir de bonnes juments bretonnes : avec des étalons de la même race, ils obtiendraient des poulains qu'ils pourraient vendre de 3 à 400 fr. à l'âge de six mois.

La production de l'espèce chevaline présente de grands avantages, dans une contrée surtout où on peut trouver à vendre aussi facilement les poulains de six mois; à cette époque, les poulains n'ont pour ainsi dire occasionné aucune dépense, de sorte que tout est bénéfice pour l'agriculteur,

Espèce Bovine.

Le canton de Tinténiac présente un grand nombre d'animaux d'espèce bovine, qu'on entretient principalement pour en obtenir des veaux et du lait. A en juger d'après les animaux qui étaient aux deux derniers concours, il est facile de constater que jusqu'alors on ne s'est pas encore occupé des moyens à employer pour les améliorer.

Il y en avait provenant de croisement breton-normand ; ils étaient minces de corps, avaient la poitrine étroite, les jarrets rapprochés, les cornes d'un blanc jaunâtre à la base et noirâtre à leurs extrémités, avec les os minces, les muscles peu développés et la robe bigarrée ; voilà les caractères auxquels on peut reconnaître les animaux de ce croisement.

Il y en avait d'autres provenant de croisement breton-nantais, mal conformés comme les précédents, mais ayant les os plus gros, la peau plus épaisse, étant moins bien marqués pour le lait ; ils étaient tous de robe alezan avec du blanc sous le ventre ; ils avaient en outre les cornes jaunâtres, fines et relevées.

Quelques animaux annonçaient avoir du sang suisse, mais ils étaient en petit nombre.

Il y a bien des contrées où l'agriculture n'est pas plus avancée que dans le canton de Tinténiac, où on entretient des bêtes bien mieux conformées, présentant à un haut degré les qualités laitières, qui donnent beaucoup plus de lait que celles-ci, et qui font plus d'honneur aux agriculteurs parce qu'elles sont toujours en meilleur état.

Il faut convenir que ce canton présente du bétail bien abâtardi. Comment, avec la race bretonne pure on a croisé la race normande, la nantaise et la suisse, puis les métis provenant de ces divers croisements ont tous été alliés ensemble.

On peut donc considérer l'espèce bovine du canton de

Tinténiac comme ne répondant pas aux besoins des agriculteurs, parce qu'elle ne rend pas de lait en proportion de la nourriture; ensuite on peut dire aussi qu'elle ne répond pas aux besoins du pays, parce qu'elle est très-tardive et qu'elle s'engraisse difficilement.

Le meilleur moyen d'améliorer l'espèce bovine de ce canton pour la mettre en rapport avec les ressources et les besoins, c'est d'avoir recours au taureau de pure race bretonne du Morbihan.

Espèce Porcine.

Il n'y a qu'un petit nombre de cultivateurs à s'occuper de la production de l'espèce porcine; cependant, s'ils connaissaient tous les bénéfices que peut donner annuellement une truie portière, il est probable qu'ils ne négligeraient pas cette branche de leur industrie.

Il y avait au dernier concours de Tinténiac un verrat et une truie de race new-leicester, appartenant à M. de Lorgeril de la Motte.

Dans la plus grande partie du département, les fermiers se sont toujours empressés de conduire les vaches qu'ils avaient aux taureaux étrangers qui étaient introduits dans le pays par des propriétaires riches; s'il en est résulté un bien dans quelques cantons, on peut dire que dans la majorité des cas cette mesure a nui aux intérêts agricoles. Au sujet de l'espèce porcine, tandis que les mêmes propriétaires donnent de bons exemples, pourquoi les agriculteurs ne cherchent-ils pas à les imiter?

Ce que j'ai dit concernant l'espèce porcine, au sujet de l'arrondissement de Rennes, est appliquable au canton de Tinténiac.

Espèce Ovine.

Il n'y avait pas un animal d'espèce ovine au concours de Tinténiac ; il y en a cependant chez plusieurs cultivateurs du canton.

On ne peut pas objecter que le manque de nourriture empêche les fermiers d'avoir des moutons; en utilisant les plantes qu'on laisse perdre, il y a de quoi les entretenir. En France, dans toutes les contrées où les agriculteurs ont voulu s'occuper du mouton, ils ont réalisé de grands bénéfices; pourquoi le département d'Ille-et-Vilaine tout entier ne chercherait-il pas à les imiter? L'expérience en est faite; le mouton se convient bien dans notre pays, il n'est pas exposé à certaines maladies graves dues à de mauvaises dispositions du sol et aux propriétés de certaines plantes; on peut donc être assuré qu'il y prospèrera.

En parlant de l'arrondissement de Rennes, j'ai dit tout ce qui était appliquable sous ce rapport au canton de Tinténiac.

ARRONDISSEMENT DE FOUGÈRES.

L'arrondissement de Fougères peut être considéré comme le plus riche du département, tant par l'état prospère de son agriculture que par le nombre et les qualités des diverses espèces animales domestiques.

Depuis quelques années, les cultivateurs de l'arrondissement s'occupent de toutes les cultures qui peuvent convenir pour l'entretien des animaux.

Il y a bien moins de landes et de champs en jachère qu'autrefois. Le fermier paraît affectionner ses bestiaux, il fait de son mieux pour les bien soigner; désireux de bien faire, il suffit de le bien conseiller pour être assuré qu'il obtiendra de bons résultats.

Le sous-sol de l'arrondissement de Fougères est très-variable, humide par endroits, granitique dans d'autres; il en résulte que les plantes qu'il fournit jouissent de propriétés différentes.

On peut espérer que l'intelligence du fermier et les progrès agricoles, remédieront aux inconvénients que présentent certaines terres trop humides. La nature du sol influe plus qu'on ne le pense sur le tempérament et le développement des animaux, partant sur leurs qualités et aptitudes; on a souvent à regretter de ne pas en avoir tenu compte.

Parmi les causes qui contribuent puissamment à la dégénération de nos principales races, on peut mettre en première ligne le caprice de l'homme, qui, n'étant jamais satisfait de celles qu'il possède, emploie constamment des moyens pour les modifier; mais pour atteindre ce résultat, ayant sans cesse à lutter contre les efforts de la nature, il éprouve souvent des mécomptes.

Le défaut d'unité, le manque d'entente et de persévérance produisent également de fâcheux effets, parce qu'il arrive souvent qu'on défait en un jour ce qui avait coûté plusieurs années de travaux.

CANTON D'ANTRAIN.

Ce canton comprend les communes d'Antrain, Bazouges-la-Pérouse, Chauvigné, La Fontenelle, Marcillé-Raoul, Noyal-sous-Bazouges, Rimoux, Saint-Ouen-la-Rouërie, Saint-Rémi-du-Plain et Tremblay.

Le Comice du canton d'Antrain n'est organisé que depuis peu, il n'a pas encore pu exercer une grande influence sur les améliorations agricoles; cependant, eu égard aux besoins, à l'importance et à l'étendue des communes, il serait à désirer que ce Comice eût à sa disposition de fortes sommes, afin de pouvoir atteindre plus promptement le but qu'il se propose.

Sous le rapport cultural et sous celui des diverses espèces animales, ce canton a encore beaucoup à faire pour atteindre le degré de prospérité qui lui est assigné.

Il y a dans ce canton quelques propriétaires aisés qui s'occupent d'agriculture : les fermiers sont à même de voir des cultures fourragères qui viennent bien ; qu'ils cherchent à les imiter; en prenant les mêmes précautions, ils auront d'aussi beaux résultats.

La mer fournit un précieux amendement; mais son emploi continué sans fumier finit par épuiser la terre.

Pour prévenir cet inconvénient, il faut que les cultivateurs entretiennent un plus grand nombre d'animaux; alors ils réaliseront de grands bénéfices, parce qu'ils pourront disposer d'une plus grande quantité de fumier.

Espèce Chevaline.

En 1854, la Commission hippique n'eut à visiter qu'un étalon et quelques juments poulinières suitées de poulains provenant d'étalons non autorisés.

Au concours de 1855 il y avait deux étalons, sept juments suitées, et vingt-deux poulains ou pouliches de dix-huit mois à trois ans.

Dans un grand nombre de fermes on s'occupe de la production chevaline, on se sert des juments pour travailler la terre, et les attelages de chevaux entiers et de bœufs ne sont pas aussi nombreux que les autres.

Les juments qui se trouvaient au concours étaient pour la plupart de la race du pays; elles avaient une taille moyenne de 1 mètre 50 et quelques centimètres, avec la tête un peu forte; plusieurs étaient de robe grise, avaient le poitrail large, la côte ronde, le garot peu prononcé, le dos et les reins larges et sur la même ligne, la croupe ample et double, les membres forts et pourvus de poils longs et grossiers. Ces juments avaient en général de bons aplombs, trottaient bien et étaient en bon état.

Avec des moules pareils, si les agriculteurs ont recours à des étalons convenables, qu'ils n'abusent pas des mères par le travail et nourrissent bien les poulains, ils sont toujours assurés d'obtenir de beaux produits.

Pendant longtemps ce canton n'a pas eu d'étalons à sa disposition ; les cultivateurs étaient obligés de conduire leurs juments à la station de Fougères : la distance étant trop considérable, plusieurs s'étaient adressés à des étalons non autorisés du pays, d'autres avaient fini par ne plus s'occuper de la production chevaline.

L'administration des haras vient de remédier en partie à cet inconvénient, en établissant une station d'étalons à La Boussac : je dis en partie, parce que pendant le dernier concours du canton j'ai entendu demander par des personnes notables que la station fût placée à Antrain, comme étant le centre des juments poulinières.

Klopstoc, cheval doublé, n'ayant que peu de sang et appartenant à l'administration des haras, est celui qui, avec les juments du pays, a donné les plus beaux poulains.

Il y avait aussi au concours des poulains bien remarquables de conformation, et qui provenaient des étalons du pays.

C'est aux cultivateurs intelligents à tenir compte des résultats qu'ils obtiennent, car c'est un enseignement pour eux dont ils doivent profiter pour l'avenir.

Un concours agricole est utile pour tout le monde : pour ce qui est de l'espèce chevaline, c'est là qu'on peut apprécier le mérite des reproducteurs : c'est en voyant les poulains à l'âge de six mois, les visitant de nouveau à l'âge de dix-huit mois et souvent à trois ans, qu'on peut savoir si les étalons conviennent pour les juments du pays.

Eu égard aux résultats qui ont été obtenus, je crois que les propriétaires de juments poulinières feront bien de faire choix de l'étalon *Klopstoc,* ou d'autres ayant la même conformation et la même généalogie. Les étalons du pays sont nombreux, mais ceux qui ne sont pas autorisés par la Commission hippique sont ou tarés ou ont une conformation défectueuse qu'ils peuvent transmettre aux poulains.

On ne saurait trop recommander aux étalonniers de ne pas continuer à tenir dans un état extraordinaire de graisse les chevaux qu'ils destinent à la reproduction.

En résumé, ce canton est à même de produire de bons chevaux, pourvu qu'il ait à sa disposition de bons carrossiers demi-sang ou de bons percherons, et pour les petites juments de landes, le cheval arabe.

Espèce Bovine.

L'espèce bovine est nombreuse dans le canton; les fermiers s'en occupent beaucoup, et cependant il y a encore quelques fermes où on ne lui donne pas toute la nourriture dont elle a besoin.

D'après les deux derniers concours, on serait porté à croire que ce canton ne présente que des grandes vaches de race normande; mais d'après les animaux conduits à la foire d'Antrain et ceux que j'ai vus dans différentes fermes, je suis convaincu qu'il y en a présentant de grandes différences sous le rapport de la taille, de la conformation et des qualités.

Dans plusieurs concours, il n'y a à y conduire de bétail que les fermiers situés auprès; plusieurs pensent que le but des Comices est de ne primer que les grands animaux, et ceux qui en ont de petite taille n'osent pas les conduire, persuadés qu'ils ne seraient pas primés.

Si dans quelques Comices on a accordé la préférence à la taille sans tenir compte des besoins du pays, de la conformation et des qualités des sujets, j'ai remarqué que dans le plus grand nombre les primes étaient judicieusement distribuées.

Les agriculteurs doivent toujours chercher à produire et à élever des animaux dont la taille et la corpulence soient en rapport avec la nature et la quantité de nourriture qu'ils peuvent leur donner : ce sont ceux que l'on entretient le plus facilement en bon état qui donnent le plus de lait, et jouissent de la faculté de s'engraisser promptement et à peu de frais, qui conviennent le mieux au pays. Au lieu de chercher à avoir des bêtes de grande taille, on doit toujours faire choix de celles qui ont les membres les plus courts. Pour une contrée qui veut du lait et de la viande, la plus belle vache qu'on puisse choisir dans toutes les races françaises et étrangères, c'est celle qui a la tête petite, les cornes fines, l'encolure courte et mince, *le corps très-gros* et long, la peau fine et souple, de bonnes marques laitières, les membres *fins et courts.*

Si les vaches qui sont dans le canton d'Antrain avaient les membres moitié moins longs, elles vaudraient bien davantage.

A l'avenir, que les cultivateurs ne craignent donc pas d'amener les bêtes de petite taille dans les concours; si elles sont bien conformées et ont les qualités voulues, ils auront de grandes chances de les voir primées.

Le canton d'Antrain présente des animaux d'espèce bovine qui peuvent être rangés dans les catégories suivantes :

1° De race bretonne croisée normande, avec prédominance de sang breton : ce sont ceux qui ont le moins de taille; ils ont le corps ample, la peau fine, les cornes jaunâtres, présentent de belles marques laitières et sont de robe alezan avec du blanc au ventre.

2° De race bretonne-normande, avec plus de normand que de breton : ils sont un peu plus longs de membres que les précédents, ont le corps moins gros, les os plus saillants et sont parfois de robe bigarrée.

3° Mais le plus grand nombre des bêtes des concours est de race pure normande : il leur manque l'ampleur du corps, la finesse des os, le développement des muscles et la souplesse de la peau; leur pelage est généralement brangé, avec du blanc à la tête, sous le ventre ou sur d'autres parties du corps : ordinairement les cornes sont blanches.

4° Enfin, à la foire d'Antrain et aux autres du canton, on rencontre un grand nombre de vaches de petite taille et de robe noire et blanche : c'est la pure bretonne.

Les agriculteurs du canton ont de grandes tendances à grandir leur espèce bovine; c'est pour cela qu'ils ont de grands taureaux normands, qui sont peu musclés, ont les os très-gros et sont sans marques laitières.

Parmi les treize vaches ou génisses qui étaient au dernier concours d'Antrain et qui appartenaient en grande partie à la race normande, une seule pouvait être considérée comme bonne laitière.

Eu égard à l'état de la culture du canton d'Antrain, je crois que les animaux de grande race normande ne rapportent pas en proportion de ce qu'ils coûtent.

Pour améliorer l'espèce bovine de cette contrée il faudrait faire choix de taureaux de Quimper et d'Ayr pour les vaches qui sont grandes, et pour les petites avoir des bretons du Morbihan.

Espèce Porcine.

L'espèce porcine n'était pas représentée au concours d'Antrain; il faut croire qu'elle ne pouvait pas être primée, parce que les ressources du Comice étaient insuffisantes.

Il y a des agriculteurs du canton qui s'occupent de la production porcine; mais cette industrie a besoin de prendre une plus grande extension.

Ce que j'ai dit à ce sujet pour l'arrondissement de Rennes est applicable à celui-ci.

Espèce Ovine.

Il y a un certain nombre de moutons dans le canton d'Antrain; les agriculteurs connaissent le grand commerce qu'on en fait dans leur voisinage (Pontorson), mais ils ne s'en occupe pas assez.

On rencontre des moutons de petite taille sur les landes, et quelques beaux moutons dans les fermes bien tenues; il est à désirer que tous les agriculteurs en aient un plus grand nombre.

Cette espèce n'était pas représentée au concours d'Antrain. (*Voyez arrondissement de Rennes.*)

CANTONS DE FOUGÈRES.

Fougères (ville), côté Sud. — Il y a les communes de Billé, Combourtillé, Dompierre-du-Chemin, Javené, Lécousse, Parcé, Romagné, Saint-Sauveur-des-Landes.

Fougères (ville), canton Nord. — Il y a les communes de Beaucé, Fleurigné, la Chapelle-Janson, Laignelet, Landéan, Le Loroux, La Selle-en-Luitré, Luitré et Parigné.

Depuis nombre d'années il y a à Fougères une Société d'Agriculture composée de membres zélés et dévoués; les avantages que les cultivateurs retirent de leur direction prouvent l'utilité de ces institutions.

Sous la direction de M. Bertin, sous-préfet de l'arrondissement, la Société d'Agriculture exerçait une grande influence. Depuis quelques années, elle avait eu à subir certaines modifications; elle se trouve présidée aujourd'hui par un administrateur qui a le rare talent de faire pénétrer dans l'esprit des cultivateurs les bons préceptes qui découlent de l'expérience.

Les cotisations des membres de la Société, ajoutées aux subventions de l'État et du département, forment des sommes importantes; mais eu égard aux améliorations qui en sont la conséquence, on ne peut que regretter qu'elles ne soient pas encore plus considérables.

Les deux cantons de Fougères sont réunis dans les mêmes concours; dans l'un et l'autre, les agriculteurs s'occupent beaucoup des espèces chevaline et bovine. On rencontre une certaine étendue de prairies artificielles, et la culture des racines occupe une place importante dans la plupart des exploitations rurales des deux cantons.

Espèce Chevaline.

Les cantons de Fougères présentent un grand nombre de juments employées à la reproduction, et malgré sa proximité de l'arrondissement de Vitré, on constate une grande différence entre les animaux de l'espèce chevaline de ces deux cantons.

On rencontre des juments poulinières dans toutes les fermes, c'est avec elles qu'on cultive la terre; on voit rarement des attelages de bœufs et de chevaux entiers.

Tandis que dans certaines contrées du département il est nécessaire de chercher à démontrer les avantages que les cultivateurs peuvent obtenir en s'occupant de la production chevaline, ici il n'en est pas besoin : les fermiers les comprennent.

Au concours de 1854 furent présentés quinze étalons et vingt-quatre juments suitées de poulains de l'année; il y avait en outre un grand nombre de poulains et pouliches de dix-huit mois à trois ans.

Au concours de 1855, la Commission hippique a eu à visiter cinq étalons dans les conditions de son programme, trente-neuf juments suitées de poulains de l'année, et il y avait pour concourir aux primes accordées par la Société d'Agriculture de Fougères cinquante poulains ou pouliches de dix-huit mois à deux ans.

Comme on peut en juger d'après ces renseignements, le concours était nombreux et les ressources chevalines y étaient bien représentées. Parmi les juments poulinières des cantons de Fougères, il y en a un grand nombre de grises, de la taille de 1 mètre 50 à 1 mètre 56 centimètres ; elles ont la tête un peu longue, l'encolure droite et un peu mince, ce qui les fait paraître plus longues qu'elles ne le sont réellement ; le garrot est assez prononcé, le dos droit, les reins un peu longs et souvent doubles, la croupe courte, large et avalée, les hanches rondes, le poitrail large, la côte ronde et bien descendue, le ventre gros, les avant-bras courts, les genoux assez larges, les canons longs et larges, les cuisses musculeuses, les jambes et les jarrets étroits, les boulets bien établis, les paturons courts et un peu obliques, parce que les pieds sont évasés et manquent de talons.

Ces juments ont la peau épaisse, pourvue de poils gros et longs, surtout aux extrémités ; les crins de l'encolure et de la queue sont gros, longs et bien fournis ; elles ont l'œil petit et peu expressif ; enfin, dans leur ensemble elles paraissent d'un tempérament un peu lymphatique.

A coup sûr, les juments des cantons de Fougères ont une belle conformation pour la reproduction, et eu égard à leur caractère généralement doux et agréable, elles présentent les conditions les plus avantageuses pour donner de bons poulains, faciles à élever.

Maintenant que nous connaissons les ressources que présentent les cantons de Fougères, voyons si avec les moyens qui ont été employés jusqu'alors on pouvait améliorer l'espèce chevaline du pays.

Tout ce qui a trait à la production, à l'élève et à l'amélioration des animaux, est la source de grandes dépenses. L'agriculteur qui veut tenter une pareille entreprise ne saurait agir avec trop de circonspection : nous sommes loin de le blâmer, parce qu'il lui est arrivé souvent d'être induit en erreur. Un mauvais étalon est capable, non-seulement de nuire considérablement à la race de la contrée, mais il peut faire éprouver de grandes pertes aux agriculteurs, occasionner leur ruine, faire leur désespoir et jeter du discrédit sur la production chevaline.

Toutes les fois qu'on a voulu convaincre l'éleveur, on n'a réussi à le faire que par des faits. Pour ce qui est de l'espèce chevaline, le meilleur moyen pour y arriver est de mettre de bons étalons à sa disposition afin de lui faire obtenir de beaux produits.

Aujourd'hui, les éleveurs font des efforts pour grandir la race qu'ils possèdent, croyant probablement que plus leurs chevaux seront grands et volumineux, plus facilement ils en trouveront le débouché : il est important qu'ils sachent qu'on ne juge pas des qualités d'un cheval par son poids, qu'en suivant cette voie ils auront plus de perte que de bénéfice, parce qu'ils n'auront pas assez de nourriture pour le bien entretenir.

L'espèce chevaline des environs de Fougères est aujourd'hui ce qu'elle était il y a vingt ans, peut-être même quarante ans; elle présente la même conformation; elle en diffère seulement par la taille, qui est plus élevée.

Doit-on attribuer au genre d'étalons qui ont été introduits dans le pays par l'administration des haras ou les particuliers la plus grande taille des juments poulinières des cantons de Fougères? Je ne le pense pas.

Si on avait grandi la race par les reproducteurs mâles, sans avoir recours à d'autres moyens, les juments seraient décousues et ne présenteraient pas la belle conformation que nous leur reconnaissons pour la reproduction.

C'est aux progrès agricoles qu'il faut attribuer cette augmentation dans la taille et dans l'ampleur du coffre. Ces modifications ont été obtenues de longue main; il a fallu du temps avant de pouvoir nourrir convenablement; tandis que si la taille eût été le résultat de l'influence de l'étalon, dès le premier croisement cela aurait suffi. Alors l'espèce chevaline du pays aurait été grandie plus tôt, car il y a plus de vingt ans que des reproducteurs de grande taille ont été introduits dans les cantons de Fougères.

Les moyens employés pour améliorer la race chevaline des cantons de Fougères ont été loin de produire les résultats qu'on en attendait : sans tenir compte des modifications qu'il était désirable d'apporter, on a eu recours à des reproducteurs qui non-seulement ne pouvaient pas l'améliorer, mais qui réunissaient les conditions les plus favorables pour l'abâtardir.

C'est aux bons soins des cultivateurs et à la puissance de la nature que nous devons attribuer l'état dans lequel se trouve actuellement l'espèce chevaline des cantons de Fougères.

L'âge de l'étalon influe beaucoup plus qu'on ne le pense sur les qualités du produit : il est admis, pour l'espèce bovine, qu'un jeune taureau donne naissance à des individus précoces, beaux de formes et s'engraissant facilement, tandis qu'un taureau âgé engendre des produits plus propices au travail, mais ne possédant pas à un si haut degré les aptitudes précédentes. Pourquoi n'en serait-il pas de même pour l'espèce chevaline?

L'expérience démontre en effet que les poulains provenant d'étalons trop jeunes (deux et trois ans) ont des formes plus arrondies, plus empâtées, les membres moins secs que ceux qui sortent d'étalons ayant l'âge de six, sept ou huit ans.

Qu'on compare au service deux produits, dont l'un vient d'un jeune étalon et l'autre d'un étalon adulte : on sera bientôt convaincu que le dernier est bien supérieur au premier

Si nous blâmons certains propriétaires d'employer des étalons trop jeunes, c'est pour prévenir la dégénération et l'abâtardissement de la race, ensuite pour leur faire comprendre qu'en agissant de la sorte ils trompent le consommateur.

Puisque la valeur d'un cheval dépend moins de ses formes arrondies et de son état d'embonpoint que de son *âme*, de sa vigueur et de son énergie, on doit toujours chercher à le créer avec ces qualités.

On peut encore faire un reproche aux étalons particuliers, c'est celui d'être trop gras; à les voir, on dirait qu'ils sont préparés pour la boucherie. L'état des étalons étant dû au manque de travail et à la nature de la nourriture, ils sont dans de mauvaises conditions pour la reproduction. L'expérience a démontré que les étalons employés à un service en rapport avec leur conformation étaient non-seulement plus prolifiques, mais donnaient des produits bien supérieurs pour le travail.

On cite nombre d'étalons de premier sang, n'ayant produit que des chevaux médiocres pendant leurs premières années de saillie, tandis qu'à un certain âge leurs descendants ont été vainqueurs sur plusieurs hippodromes.

Il est également à regretter que dans les cantons de Fougères on ne tienne pas compte de ce précepte, sanctionné par l'expérience : qu'un étalon moins grand que la jument produit généralement mieux qu'un grand étalon avec une petite jument.

L'administration a parfois donné aux cantons de Fougères des chevaux carossiers qualifiés demi-sang, dont les produits ont laissé à désirer, tant sous le rapport des formes que sous celui des qualités. Il est à regretter qu'on n'ait pas appliqué le précepte suivant : une race ne peut être améliorée par croisement qu'avec des étalons provenant d'une race bien formée, ancienne et possédant les qualités de sa race.

Il ne suffit donc pas qu'un étalon ait des formes séduisantes; s'il ne possède pas à un haut degré les qualités de la race à laquelle il appartient, il est reconnu qu'il ne pourra pas améliorer la race avec laquelle il sera croisé.

Tout en rendant justice à l'administration des haras, nous croyons devoir dire qu'elle n'envoie pas toujours dans les localités de notre département les étalons qui conviennent pour améliorer les races.

D'après les produits présentés au dernier concours des cantons de Fougères, il est facile de voir quels sont les étalons qui, avec les juments du pays, donnent les meilleurs résultats.

L'administration des haras avait à la station de Fougères cinq étalons qui étaient : *Mutin, Efestion, Agitation, Ulysse* et *Keppler*.

Ont été reconnus bons : six poulains de *Mutin*, trois d'*Efestion*, un d'*Agitation*, et un d'*Ulysse*, tandis que les étalons autorisés (deux) ont eu neuf poulains primés.

Je n'ai jamais vu les étalons de la station de Fougères; je ne puis en parler que d'après leurs produits. Cette opinion que j'énonce est basée sur le résultat des opérations de la Commission hippique; mais en engageant les cultivateurs à faire saillir leurs juments par *Mutin*, ou par d'autres étalons de la même conformation et du même sang, ou bien par les étalons autorisés qui sont dans les cantons de Fougères, je crois leur donner des conseils dont ils se trouveront bien, puisqu'ils ont pour base l'expérience.

Si l'administration des haras envoyait un cheval pur sang, bien doublé et près de terre, il y aurait à espérer de bons produits; mais pour ce qui est des étalons pur sang *ficelle*, ils ne conviennent nullement pour les juments de Fougères.

Si les cantons de Fougères pouvaient avoir à leur disposition quelques bons étalons de race percheronne, de moyenne taille, ayant donné des preuves de vigueur et d'énergie, il en résulterait un bien pour le pays.

Ce n'est pas à titre d'essai que je conseille le cheval percheron, attendu qu'un étalon de cette race, appartenant à M. de la Belinaye, a dû donner de bons produits il y a quelques années.

Espèce Bovine.

L'espèce bovine des cantons de Fougères était représentée au dernier concours par six taureaux et treize génisses.

Tout en rendant justice aux agriculteurs du canton de Fougères pour la production chevaline, il est à remarquer qu'ils n'ont guère fait de progrès sous le rapport de l'espèce bovine.

La Société d'Agriculture a déjà beaucoup fait en démontrant aux cultivateurs les avantages qu'ils peuvent obtenir en produisant des racines et des plantes fourragères; il en est résulté que les animaux d'espèce bovine, ayant été mieux nourris, ont acquis plus de taille et une plus grande corpulence.

Les bêtes bovines qui étaient au concours pouvaient être considérées comme appartenant aux catégories suivantes :

1° Il y en avait (c'étaient les plus petites) qui avaient du breton et du normand; elles étaient de robe alezan un peu pâle, avec des taches blanches à la tête et sous le corps, la tête un peu forte, l'encolure mince, la poitrine peu développée, le ventre gros, la croupe large et courte, les membres courts et minces, la peau mince, les cornes fines, rugueuses et peu longues, généralement bonnes laitières.

2° On en remarquait qui pouvaient être considérées comme provenant de la race bretonne croisée au deuxième ou troisième degré avec la race normande; elles étaient plus grandes que les précédentes, avaient la poitrine plus étroite, les membres plus longs, la croupe moins large, le ventre peu développé, les os plus gros; il y en avait de passablement marquées pour le lait, et d'autres qui ne l'étaient pas : la robe brangée dominait.

3° Quelques-unes paraissaient provenir du croisement de la précédente catégorie avec la race mancelle; elles étaient de robe pie-alezan, cornes courtes, fines, blanches et relevées; elles avaient peu de poitrine, peu de ventre, la peau épaisse, les os gros, queue haute, et n'étaient pas marquées pour le lait.

4° Il y avait quelques bêtes de pure race normande, à robe brangée, paraissant un peu enlevées; mais elles étaient jeunes et bien marquées pour le lait.

5° Des produits du durham, avec les variétés précédentes, avaient généralement une belle poitrine, étaient longs de corps, avaient la peau souple, et présentaient de bonnes marques laitières.

En résumé, les cantons de Fougères présentent un grand nombre de variétés dans l'espèce bovine; il n'y en a pas une qui puisse encore être considérée comme étant assez dessinée pour pouvoir former race. Cependant, avec les ressources du pays, il est regrettable qu'il n'y ait pas eu d'idées bien arrêtées pour améliorer l'une ou l'autre variété : les agriculteurs ont agi sans discernement en prenant tantôt du breton, du normand et du manceau.

Pour arriver à savoir quel est le type qui convient à ces cantons, on n'a qu'à apprécier leurs ressources et les résultats qui ont été obtenus avec les divers croisements.

Dans les contrées où la nourriture est rare, dans celles où on compte essentiellement sur les pâturages pendant l'hiver comme pendant l'été, dans celles enfin où l'agriculture est peu avancée, il est certain qu'il faut toujours accorder la préférence aux petites races sur les grandes; mais lorsque la richesse culturale peut à volonté fournir une alimentation substantielle et abondante, on doit toujours avoir de grandes races.

Dans un grand nombre de circonstances, pour ne pas entraîner les cultivateurs dans des dépenses onéreuses, j'ai cru devoir conseiller les petites races plutôt que les grandes; on en aura peut-être conclu que j'étais idolâtre de la petite bretonne, et que dans tous les cas je ne trouvais rien de mieux.

Lorsqu'on a vu, pendant l'hiver, de malheureux agriculteurs ayant un certain nombre de têtes de bétail à nourrir, ne rendant que peu ou point de lait, arriver à la fin de la mauvaise saison avec des animaux réduits à leur plus simple expression (squelettes vivants), on ne peut faire autrement que de chercher à prévenir de semblables misères. Voilà la cause qui m'a fait préférer la race bretonne. Mais chez le bon cultivateur, chez celui qni a le bonheur de pouvoir faire d'abondantes provisions pour la mauvaise saison, on ne doit pas rencontrer des vaches de petite taille; son intérêt lui commande d'en avoir de grandes : c'est la position d'un grand nombre d'agriculteurs des cantons de Fougères.

De ce que j'ai dit que les agriculteurs des cantons de Fougères devaient avoir des vaches de grande taille, on pourrait en conclure que plus elles seront hautes, meilleures elles seront.

J'ai précédemment exposé la conformation que devait avoir une vache pour être bonne dans chaque race, sous le rapport des qualités laitières et d'engrais.

Pour ce qui est des cantons de Fougères, j'ai blâmé les bestiaux de taille élevée, parce que j'ai remarqué que c'était ceux des concours qui paraissaient les plus mauvais.

C'est à l'initiative de la Société d'Agriculture de Fougères que sont dus les premiers essais de croisement durham qui ont été tentés dans les cantons de Fougères. A en juger d'après les quelques types qui étaient au concours, on est en droit d'espérer que c'est à ce croisement qu'il faut s'arrêter.

La race durham avec les variétés de Fougères, surtout avec celle qui a beaucoup de normand, produit des modifications très-avantageuses, puisqu'elle augmente la corpulence, la longueur, les muscles, et diminue le système osseux tout en conservant la qualité laitière et la prédisposition à l'engrais.

Les agriculteurs des cantons de Fougères ont encore beaucoup à faire pour que les animaux d'espèce bovine atteignent le degré d'amélioration nécessaire; ils sont aussi intéressés à s'occuper de l'espèce bovine que du cheval; ce n'est que lorsque les diverses branches de l'industrie rurale sont bien combinées que le cultivateur peut profiter de tous les avantages de sa position.

Espèce Porcine.

La production de l'espèce porcine n'a pas chez les cultivateurs des cantons de Fougères l'importance qu'elle devrait avoir. Il y a bien quelques fermiers qui ont des truies portières, mais c'est le plus petit nombre; cependant ils sont dans de bonnes conditions pour pouvoir s'en occuper.

La race porcine que l'on rencontre dans les cantons de Fougères est la normande, plus ou moins dégénérée ou conservée, suivant les soins qui lui ont été donnés; on a aussi quelques craonnais. (*Voyez arrondissement de* ***Rennes,*** espèce porcine.)

Espèce Ovine.

L'espèce ovine est à Fougères même l'objet d'un commerce important, et cependant les agriculteurs des cantons ne s'en occupent pas beaucoup; ils concentrent leurs efforts sur la production chevaline et dédaignent les autres espèces animales. C'est à cette cause qu'il faut attribuer la pénurie de bétail dans les cantons de Fougères. Dans un pays de bonne culture, le meilleur moyen d'avoir du fumier à bon marché, c'est d'entretenir un grand nombre d'animaux dans les exploitations. Ce que j'ai dit au sujet de l'espèce ovine, en parlant de l'arrondissement de Rennes, est applicable aux deux cantons de Fougères.

CANTON DE LOUVIGNÉ-DU-DÉSERT.

Dans ce canton se trouvent les communes de Le Ferre, Bazouges-du-Désert, Louvigné-du-Désert, Mellé, Moutault, Poilley, Saint-Georges-de-Reintembault et Villamée.

Le canton de Louvigné touche à la Normandie; il présente des terres qui sont bien cultivées, et d'autres qui réclament encore les soins des agriculteurs.

Espèce Chevaline.

Au concours de 1854, il y avait un étalon qui fut autorisé, et sept juments poulinières suitées.

Au concours de 1855, le même étalon a été présenté et autorisé. On ne comptait que cinq juments suitées de poulains de l'année et huit poulains de dix-huit mois.

Il y a un grand nombre de fortes juments poulinières dans le canton de Louvigné-du-Désert; c'est avec elles que les agriculteurs font leurs travaux, et cependant il n'y en avait que quelques-unes au dernier concours.

La somme de 3,000 fr. à distribuer annuellement en primes à toutes les juments poulinières du département *est insuffisante* pour engager tous ceux qui en ont à les conduire dans les concours.

Il ne faut pas se le dissimuler, la cause déterminante pour le propriétaire d'une jument poulinière suitée, c'est l'espoir d'être amplement dédommagé, en la conduisant dans un concours situé parfois à plus de 14 kilomètres de son domicile. Tous les fermiers qui s'abstiennent de prendre part aux concours ont grandement tort, attendu que c'est là qu'ils peuvent puiser en un jour des connaissances qu'ils n'auraient pu acquérir qu'après plusieurs années d'essais parfois très-onéreux.

C'est au concours du Comice que le cultivateur peut voir

les résultats de l'alliance de tel étalon avec les juments du pays qui ressemblent à celles qu'il a; c'est là qu'il peut voir si le croisement de l'espèce bovine du pays avec des races étrangères peut produire des améliorations conformes à ses besoins, ou bien s'il n'est pas de son intérêt d'améliorer la race par elle-même, en faisant choix de taureaux conformés comme ceux qui sont primés dans les Comices.

C'est au concours qu'il peut voir les meilleurs animaux des espèces porcine et ovine, et les instruments perfectionnés qu'il connaît seulement de nom et qu'il n'a pas encore vu fonctionner.

C'est encore au concours que le cultivateur voit des échantillons de plantes qui ont été cultivées dans son canton; il peut se convaincre que le sol est convenable pour les produire, il peut apprendre comment il faut faire pour en obtenir de semblables, et quels sont les avantages qu'elles présentent.

Malgré le savoir que l'agriculteur peut acquérir dans un concours, s'il ne se croit pas certain d'obtenir une prime, il n'y vient pas; non-seulement il veut être primé, mais il faut que la prime soit considérable.

Si tous les agriculteurs étaient à même de faire des sacrifices de temps et d'argent, ils viendraient aux concours, dit-on. Les agriculteurs vous répondent : Que voulez-vous que j'apprenne au concours du Comice? A avoir de bons poulains, de bons veaux, de bons cochons, de bons moutons, à faire des betteraves, à récolter beaucoup de grain, enfin à labourer avec des charrues modèles? Tout cela n'est rien, je le sais d'avance, et je perdrais mon temps en allant au concours.

La preuve, c'est que pour avoir un bon poulain avec mes juments qui sont les premières du pays, je n'ai qu'à les conduire à un bon étalon. Avec mes vaches, qui sont très bonnes, et un beau taureau, j'aurai de bons veaux; les cochons et les moutons, j'en ai une espèce depuis longtemps, je ne veux pas la changer. Que j'apprenne à faire des betteraves, des carottes, etc., etc., je n'ai pas besoin de çà; mon père ni mon grand-père n'en faisaient pas, et ils ont bien vécu de même. Pour le labour, je laboure mieux que ceux du concours; et puis les charrues en fer, elles labourent bien, mais trop avant; il faut beaucoup de fumier pour labourer avec ces charrues. Enfin, vous voyez que je sais tout, et qu'en résumé le plus grand secret pour avoir de bonnes récoltes, c'est de mettre beaucoup de fumier dans la terre, et si j'en avais, je ferais mieux qu'eux.

Voilà le langage que tiennent un grand nombre d'agriculteurs du département. On a eu la pensée de diminuer le nombre des Comices; mais le son des trompes et des tambours étant insuffisant pour faire venir les agriculteurs au chef-lieu de canton, le bruit même du canon ne serait pas capable de les faire venir au chef-lieu d'arrondissement. A toutes les objections des agriculteurs, je répondrai. Oui, vous avez raison; mais néanmoins, il est de votre intérêt de venir au concours pour savoir quel est le meilleur étalon pour vos juments, pour apprendre quelle conformation doit avoir le taureau pour être bon, pour voir s'il n'y a pas une race de porcs plus belle et plus forte que la vôtre, et qui coûte cependant moins à nourrir; pour connaître les avantages que peuvent présenter certains moutons, et pouvoir juger par vous-mêmes les produits que ces diverses espèces animales ont donnés.

Pour ce qui est des cultures de racines et plantes fourragères, en voyant les animaux de ceux qui en font vous reconnaitrez les avantages qu'elles présentent.

Puisque vous reconnaissez que vous n'avez pas assez d'engrais, vous apprendrez au concours tout ce que je viens de vous dire, et le résultat sera que vous aurez à l'avenir de bons poulains, de bons veaux, des juments en bon état, des vaches toujours en chair, qui vous donneront beaucoup plus de lait; des cochons et des moutons supérieurs à ceux que vous avez; enfin, vous aurez un plus grand nombre d'animaux que vous nourrirez facilement, et par suite vous ne manquerez pas de fumier.

Relativement au concours de Louvigné-du-Désert, il y avait quelques juments ayant un beau coffre, mais avec des membres grêles; les poulains de dix-huit mois avaient les membres trop longs et minces, ce qui les faisait paraître haut montés.

On rencontre en outre chez les agriculteurs du canton un grand nombre de juments du même modèle et de la même race que celles des deux cantons de Fougères, qu'ils font saillir soit par les étalons de l'administration, soit par ceux des particuliers, qui sont autorisés.

Tous les animaux d'espèce chevaline qui étaient aux deux derniers concours étaient en bon état, ce qui annonce qu'ils sont l'objet de soins bien entendus.

Les trois juments poulinières primées étaient suitées, une d'une pouliche par *Mutin*, une d'une pouliche par *Efestion*, une par un poulain d'un étalon autorisé.

Espèce Bovine.

Le canton de Louvigné-du-Désert présente dans un grand nombre de fermes des animaux d'espèce bovine ayant la même conformation, provenant des mêmes souches, et ayant les mêmes défectuosités que dans les cantons de Fougères; mais on y remarque quelques vaches de pure race normande, grandes, fortes et bien établies.

Au concours de 1854, les bêtes bovines étaient peu nombreuses et appartenaient toutes à la pure et belle race normande; elles ne laissaient rien à désirer sous le rapport de leur état et des marques laitières ; mais d'après le concours de 1855, on voit qu'elles ne représentaient pas bien l'espèce la plus répandue dans le canton.

Au dernier concours, il y avait vingt-quatre vaches et trois taureaux appartenant aux deux catégories suivantes :

1° Des vaches normandes, à robe brangée, bien faites, en bon état, ayant les cornes courtes et blanches, ne présentant pas de marques laitières; elles pouvaient être considérées comme de bonnes bêtes de boucherie.

2° Des vaches bien doublées, moins grandes que les précédentes, à robe alezan avec des marques blanches, ayant les membres plus courts et plus fins, provenant de croisement breton-normand; elles étaient mieux marquées comme laitières, mais elles laissaient encore beaucoup à désirer sous ce rapport.

Dans le pays, on paraît accorder la préférence aux taureaux normands, et j'ai remarqué qu'il y en avait qui étaient forts, très-osseux et qui ne présentaient pas de signes indiquant les facultés laitières.

A voir les bêtes bovines qui étaient au concours, on serait porté à penser que les agriculteurs du pays tiennent plus à la production de la viande qu'à celle du lait.

Cependant, d'après les renseignements qui m'ont été fournis par des agriculteurs du canton, il paraîtrait qu'on estimerait de préférence les bonnes vaches laitières.

Dans toutes les races, même dans le pays d'où elles sont originaires, on rencontre des sujets qui ne possèdent pas toutes les qualités qui les caractérisent. De ce que dans le canton de Louvigné-du-Désert il y a un certain nombre de vaches et de taureaux de race normande ne présentant pas les qualités laitières qui lui donnent une si grande réputation, on ne doit pas en conclure que la race normande ne soit pas laitière, mais bien attribuer ce défaut au mauvais choix qui en a été fait.

Chez les races les plus perfectionnées on remarque également ces anomalies; ainsi, dans la race durham, il y a des vaches très-bonnes laitières, et il y en a aussi qui ne valent rien pour la production du lait.

On peut donc conclure que la plupart des animaux d'espèce bovine qu'on rencontre dans le canton de Louvigné-du-Désert ne répondent pas aux besoins des cultivateurs du pays.

Ce qu'il y a de mieux à faire pour améliorer l'espèce bovine de ce pays, c'est-à-dire conserver la faculté qu'elle a de s'engraisser et développer les qualités laitières qui lui manquent, c'est d'avoir recours pour les grandes vaches au taureau pur-sang durham, présentant des marques laitières; et pour les vaches moins grandes, à la race de Quimper ou à celle d'Ayr.

Espèce Porcine.

Elle n'était pas représentée au concours de Louvigné-du-Désert, et cependant les agriculteurs de ce canton feraient bien d'imiter les Normands, qui leur sont voisins. Il paraît que l'espèce porcine est négligée de la part des fermiers du canton; je ne puis que leur adresser les mêmes observations qu'à ceux de l'arrondissement de Rennes.

Espèce Ovine.

On rencontre quelques moutons dans le canton de Louvigné-du-Désert, mais en si petit nombre qu'on ne peut pas le considérer comme produisant assez de laine et de viande pour le pays. Ce que j'ai dit à ce sujet, en parlant de l'arrondissement de Rennes, s'applique au canton de Louvigné-du-Désert.

CANTON DE SAINT-AUBIN-DU-CORMIER.

Il comprend les communes de Chienné, Gosné, Chapelle-Saint-Aubert, Mézières, Saint-Aubin-du-Cormier, Saint-Christophe-de-Val, Saint-Jean-sur-Couesnon, Saint-Marc-sur-Couesnon, Saint-Ouen-des-Alleux et Vandel.

Ce canton présente des terres en plein rapport : il y en a de médiocres et d'autres qui sont encore couvertes de landes

Les fermiers font des améliorations, mais elles s'effectuent lentement, et il faudra encore bien du temps avant qu'on puisse considérer comme prospère l'état agricole de ce canton.

Les animaux employés aux travaux agricoles sont variables, suivant les contrées; tandis qu'il y en a qui ne se servent que de juments qu'ils livrent à la reproduction, d'autres emploient des chevaux entiers, et quelques-uns ont recours à des bœufs.

Espèce Chevaline.

Au concours de 1854, il fut présenté un étalon et quatre juments qui n'étaient pas dans les conditions du programme de la Commission hippique, tandis qu'en 1855 il y avait deux étalons et quinze juments suitées. L'espèce chevaline du canton de Saint-Aubin-du-Cormier varie dans sa conformation, sa force et ses qualités, suivant l'état agricole des communes. Il y a un certain nombre de juments présentant la même taille, la même conformation, et paraissant d'un tempérament plus sanguin que celles des cantons de Fougères; on en rencontre aussi provenant de la race de Vitré, un peu plus grandes et plus fortes, mais l'étant moins que les précédentes. Les agriculteurs qui ont su faire choix de juments de force différente, suivant la richesse de leurs cultures, ont agi avec beaucoup de discernement. On devrait toujours se procurer des animaux en rapport avec les habitudes et le degré de production du pays. Parmi les quatre juments qui ont été reconnues comme ayant donné les plus beaux poulains, deux avaient été saillies par *Keppler*, une par *Mutin*, et une par un cheval autorisé.

Les cultivateurs de ce canton n'ont qu'à persévérer dans la voie où ils sont; pourvu qu'ils continuent à bien nourrir les juments et les poulains, ils sont assurés d'obtenir de bons résultats.

Cette année, il n'y a pas eu d'étalon méritant d'être autorisé ; cela est regrettable, parce qu'un grand nombre de propriétaires de juments se trouvent éloignés de la station de Fougères.

Espèce Bovine.

En 1854, il y avait quelques vaches, des génisses et des taureaux au concours de Saint-Aubin-du-Cormier ; tous ces animaux étaient très-remarquables, mais il est probable qu'ils ne représentaient pas exactement toutes les variétés du canton.

Au concours de 1855, on comptait huit mâles et vingt-quatre femelles ; les animaux présentés pouvaient être considérés comme provenant des races suivantes :

1° Des bêtes de grande taille, bien conformées, à robe rouge vif avec quelques raies noirâtres et de grandes taches blanches ; elles étaient généralement bien marquées pour le lait, et en bon état : elles étaient de pure race normande.

2° Plusieurs de la même conformation que la bretonne-normande des environs de Rennes, à robe pie-alezan, en chair et bien marquées pour le lait : elles étaient moins grandes que les autres.

3° Quelques-unes avaient du breton et du manceau : elles étaient de robe alezan un peu pâle avec plus ou moins de blanc ; elles étaient moins grosses que celles des deux catégories précédentes, avaient le cuir plus épais, n'avaient pas de bonnes marques laitières et étaient en moins bon état.

4° La race qui n'était pas représentée au concours, et que j'ai vue chez plusieurs cultivateurs du canton, c'est la bretonne, ayant un peu plus de taille que celle du Morbihan et étant beaucoup plus grosse.

D'après ce qui précède, on voit qu'il y a plusieurs variétés de l'espèce bovine.

Si tous les fermiers savent faire leur choix suivant les

ressources alimentaires dont ils peuvent disposer, tout est pour le mieux; mais il est à craindre que de proche en proche l'envie d'avoir de grandes vaches prenne de trop grandes proportions, et alors ils éprouveront des mécomptes, parce qu'elles ne seront pas convenablement nourries.

Je partage bien l'avis de plusieurs cultivateurs du canton, lesquels pensent que plus une vache est forte, pourvu qu'elle soit en bon état, plus on la vendra cher, parce qu'il y a des circonstances où on ne juge de la valeur d'un animal de cette espèce que par son poids; mais ce n'est pas une raison pour accorder, dans toutes les circonstances, la préférence à la taille et à la force, c'est-à-dire qu'il faille engager tous les cultivateurs du canton à en avoir du même genre.

La grande vache est bonne chez le fermier qui a de quoi la bien nourrir, tandis qu'elle est mauvaise et ruineuse lorsqu'elle est chez le fermier qui est obligé d'acheter du foin pour la nourrir pendant l'hiver.

Toutes les fois qu'on a une race qui convient bien au pays, on doit être très-réservé avant de tenter des croisements, et lorsqu'il y en a de plusieurs croisements dans la contrée, il faut bien se garder de les allier ensemble, ou bien on s'expose à n'avoir plus que des bêtes dégénérées, bâtardes, incompatibles avec l'état de la culture, et ne rendant pas en proportion de ce qu'elles coûtent.

Dans le canton de Saint-Aubin-du-Cormier, je crois que le meilleur moyen de conserver dans l'état et d'améliorer même les bêtes bovines qui présentent les qualités voulues, c'est de procéder de la manière suivante :

1º Réformer toutes les vaches qui ont du breton et du manceau ;

2º Améliorer la pure normande par elle-même ;

3º Améliorer la bretonne-normande par elle-même, en faisant choix de reproducteurs se rapprochant le plus du breton ;

4° Enfin, avoir des taureaux de pure race bretonne pour la petite vache de cette catégorie.

Espèce Porcine.

Dans ce canton, de même que dans tous les autres du département, la production de l'espèce porcine peut procurer de grands avantages aux cultivateurs; cependant, on n'y rencontre qu'un petit nombre de truies portières. Au dernier concours de Saint-Aubin-du-Cormier, il y avait un verrat de race anglaise. (*Voyez ce que j'ai dit à ce sujet en traitant de l'arrondissement de Rennes.*)

Espèce Ovine.

Il n'y avait pas de moutons au concours; le canton en possède quelques-uns, mais c'est principalement sur les terrains incultes qu'on les rencontre : les cultivateurs qui ont des fermes bien tenues n'en ont pas. Il faut convenir que cet animal est loin d'être apprécié à sa valeur dans le canton de Saint-Aubin-du-Cormier. (*Voyez arrondissement de Rennes*, espèce ovine.)

CANTON DE SAINT-BRICE.

Les communes qui composent ce canton sont : Baillé, Coglès, La Selle-en-Coglès, Le Châtellier, Montours, Saint-Brice, Saint-Etienne-en-Coglès, Saint-Germain-en-Coglès, Saint-Hilaire-des-Landes, Saint-Marc-le-Blanc et Le Tiercent.

Quoique le canton de Saint-Brice présente dans une grande partie de son étendue un sous-sol de granit très-dur et très-remarquable, on y rencontre aussi des fermes qui sont bien cultivées et sont très-productives.

C'est peut-être ici le cas d'appliquer le proverbe : *Tant vaut le fermier, tant vaut la ferme*, parce qu'on remarque dans cette contrée grand nombre de fermiers très-intelligents et industrieux.

Dans ce canton, la culture des betteraves, des carottes, des choux et autres plantes fourragères n'est plus à essayer ; on en voit dans presque toutes les fermes.

Espèce Chevaline.

Les cultivateurs du canton se servent principalement de juments pour faire les travaux agricoles ; les chevaux entiers sont rares, et il n'y a pas un grand nombre d'attelages de bœufs.

En 1854, au concours de Saint-Brice, il y avait quatre juments suitées de poulains de l'année, huit qui ne l'étaient pas, et un certain nombre de poulains et pouliches de dix-huit mois.

Au concours de 1855, l'espèce chevaline était représentée par neuf juments suitées, deux étalons et douze poulains et pouliches de dix-huit mois.

Toutes les juments qui étaient dans les deux concours se faisaient remarquer par leurs allures, leur taille un peu plus élevée que celle des deux cantons de Fougères, leur vigueur, leur état d'embonpoint, les belles formes et l'ampleur du coffre.

C'est la jument de Fougères améliorée.

Avec des juments conformées comme celles du canton de Saint-Brice, il n'y a rien à faire pour les améliorer ; on peut les considérer comme des moules capables de donner des produits variables suivant les reproducteurs, mais toujours bons avec des étalons convenables surtout. Cette jument se distingue bien de la race bretonne des Côtes-du-Nord et du Finistère ; elle est bien mieux faite, plus noble et meilleure.

En 1854 il y eut trois juments primées ; une était suitée d'un poulain d'*Efestion*, deux de poulains provenant des étalons autorisés.

En 1855 un étalon a été autorisé, et cinq juments ont été primées; deux étaient suitées de poulains par *Mutin*, une d'une pouliche par *Keppler*, et deux provenant d'un étalon autorisé.

Il n'y a rien à dire aux agriculteurs de Saint-Brice concernant les soins à prendre pour les juments et les poulains; il n'est pas nécessaire de les engager dans une autre voie que celle qu'ils suivent; il suffit qu'ils aient à leur disposition de bons demi-sang de moyenne taille et bien doublés pour faire le cheval de luxe, et avec les étalons autorisés ils continueront à faire de bons chevaux pour le commerce et des bêtes poulinières propres à remplacer plus tard celles qu'ils ont actuellement.

Un riche propriétaire de l'arrondissement de Fougères, membre de la Commission hippique, me disait, en 1854, qu'il avait remarqué que tandis que les agriculteurs ne produisaient que le cheval de la race du pays, ils trouvaient facilement à le vendre avantageusement, à l'âge de six mois, aux marchands percherons; maintenant qu'ils croisent les juments de la contrée avec les étalons de l'administration, ils sont obligés d'élever les poulains jusqu'à l'âge de dix-huit mois ou deux ans sans compensation.

Cette observation est de la plus haute importance; elle a été faite dans d'autres contrées du département.

Espèce Bovine.

Il y avait un certain nombre d'animaux d'espèce bovine au dernier concours de Saint-Brice, tandis qu'en 1854 on n'y voyait que quelques vaches.

Parmi les bêtes qui étaient au concours, on peut dire qu'il y en avait de bonnes et quelques-unes de mauvaises. Plusieurs avaient été achetées dans la Normandie, d'autres provenaient des vaches du pays, originaires elles-mêmes de la Normandie.

Ainsi, elles étaient toutes de la même race, quoiqu'elles n'eussent pas la même conformation et qu'elles ne fussent pas également propres à donner du lait.

La robe la plus estimée dans le pays, c'est la brangée; il y en a cependant de pie-alezan : la plupart ont le corps long et gros, droit du dessus et bien descendu; elles sont de grande taille, ont les cornes courtes, fines et blanches; il y en a qui sont bien marquées pour le lait et d'autres qui ne le sont pas; plusieurs ont les hanches saillantes, malgré leur état d'embonpoint.

Avec la quantité de nourriture dont les agriculteurs peuvent disposer, il est à regretter qu'ils n'aient pas tous des vaches propres à donner de la viande et du lait.

Parmi les vaches du pays, il y en a bien quelques-unes qui sont un peu laitières, mais elles ont les os un peu trop saillants, et avec cette conformation, lors même qu'elles sont bien préparées pour la boucherie, elles n'ont pas assez d'apparence pour pouvoir se vendre avantageusement.

En faisant choix des meilleures vaches du canton, les faisant saillir par des taureaux de la même race et ne présentant pas les défectuosités que je viens de signaler, on pourrait bien modifier les formes anguleuses et conserver ou développer les qualités laitières; mais en ayant recours à un taureau d'une autre race, on obtiendra plus promptement ces améliorations.

La race durham, bien choisie sous le rapport des qualités laitières, est capable de faire disparaître les formes anguleuses dès la première génération; elle pourrait également augmenter les facultés laitières.

Pour les fermiers qui ont des vaches plus petites, avec le taureau d'Ayr ou celui de Quimper, cela suffirait.

En résumé, on peut dire que les fermiers de ce canton n'ont pas de vaches aussi remarquables que leurs juments.

Espèce Porcine.

L'espèce porcine ne figurait pas au dernier concours de Saint-Brice ; il y a cependant un certain nombre de cultivateurs qui ont des truies portières. D'après les renseignements qui m'ont été donnés, l'espèce porcine du pays serait la pure race normande : on la trouve difficile à engraisser et très-tardive. Quelques cultivateurs désirent avoir l'espèce porcine craonnaise. Je crois qu'avec des verrats de race anglaise on pourrait diminuer la charpente osseuse des porcs du pays, augmenter leur précocité, et par ce moyen les améliorer. *(Voyez arrondissement de* ***Rennes****,* espèce porcine).

Espèce Ovine.

L'espèce ovine n'était pas représentée au concours. Elle n'est pas très-répandue dans le canton ; cela est regrettable, parce que les cultivateurs en obtiendraient de beaux bénéfices. *(Voyez arrondissement de* ***Rennes****,* espèce ovine.)

ARRONDISSEMENT DE VITRÉ.

L'arrondissement de Vitré offre un grand intérêt sous le rapport du nombre et des qualités des espèces chevaline et bovine qu'il présente ; mais il laisse encore beaucoup à désirer sous celui de son état cultural.

Avec un sol très-accidenté, son sous-sol calcaire par endroits, schisteux dans d'autres, il ne présente pas de marais, et les plantes qu'il fournit jouissent de propriétés nutritives très-développées.

Les fermiers de cet arrondissement travaillent beaucoup; ils adoptent les bonnes méthodes agricoles, et depuis quelques années ils ont obtenu de notables améliorations.

Les agriculteurs s'occupent beaucoup de la production des espèces chevaline et bovine; ils commencent à avoir des truies portières, et par suite de cet accroissement de ressources, on peut espérer qu'ils continueront à suivre la bonne voie qui leur est tracée par quelques propriétaires riches de la contrée.

CANTON D'ARGENTRÉ.

Dans ce canton, il y a les communes d'Argentré, Brielles, Domalain, Étrelles, Gennes, Le Pertre, Saint-Germain-du-Pinel, Torcé et Vergeal.

Ce canton doit être considéré comme étant le mieux cultivé, le plus riche en chevaux et en bétail de tout le département.

C'est à M. le marquis d'Argentré père que revient l'honneur de la prospérité dont jouit ce canton.

En s'occupant de la culture d'une grande exploitation, il avait fait connaître les instruments perfectionnés et les plantes les plus utiles pour bien entretenir les animaux; il avait eu des reproducteurs pour améliorer les diverses espèces animales par croisement, et tant par les bons exemples que par ses sages conseils il était parvenu à faire le bien de son pays.

Espèce Chevaline.

Dans un grand nombre de fermes du canton d'Argentré, il y a des juments poulinières qui servent pour les travaux de l'exploitation; les attelages de chevaux entiers y sont rares, mais dans plusieurs on se sert de bœufs pour le labour.

En 1854, il y avait au concours du Comice d'Argentré trente-trois juments suitées de poulains de l'année, deux étalons et un grand nombre de poulains et pouliches de dix-huit mois.

Au concours de 1855, la Commission hippique a eu à visiter vingt-deux juments suitées de poulains de l'année et deux étalons; il y avait en outre seize poulains et pouliches de dix-huit mois pour concourir aux primes du Comice.

Les juments poulinières du canton d'Argentré sont de robe différente; il y en a autant de baie que de grises, et quelques-unes sont alezan : elles ont la taille de 1 mètre 45 à 1 mètre 50 centimètres, ont la tête seiche et un peu longue, l'encolure courte et mince, le garrot peu élevé, le poitrail large, le dos et les reins droits et courts, la croupe large, bien arrondie et un peu avalée, la côte ronde, le ventre gros, le gigot bien prononcé, les membres courts proportionnellement à la taille, elles sont toujours larges, sèches et pourvues de poils longs et fins, les pieds en sont bons, mais ils manquent de talons.

Vues dans leur ensemble, ces juments sont trapues; elles sont d'un bon tempérament et rarement malades, d'un entretien facile et d'un caractère doux, très-bonnes pour le travail, et produisant de beaux poulains; tels sont les caractères qui distinguent la race du canton d'Argentré, qui n'est autre que celle de Vitré, un peu grandie par une alimentation plus abondante et plus substantielle.

Dans ce canton, il n'y a qu'un seul étalon particulier qui soit autorisé; les cultivateurs ont l'habitude de conduire leurs juments à la station de Vitré, et depuis peu quelques-uns vont à La Guerche, où il y des étalons particuliers autorisés.

En 1854, les juments qui furent primées par la Commission hippique étaient suitées comme suit : huit de poulains par *Pactole*, étalon autorisé, quatre par *Kaïsar*, trois par *Ligueur*, deux par *Flitta*, deux par *Isidore* et un par *Vélox*.

En 1855, les juments qui ont été reconnues comme ayant donné les plus beaux produits avaient été saillies, savoir : six par *Nabunal*, deux par *Isidore*, une par *Vélox*, une par *Kaïsar*, une par *Ligueur*, une par *Marquis*, cheval autorisé à La Guerche, et une par *Cadet*, cheval autorisé dans le canton d'Argentré.

De ces documents il résulte que les juments du canton d'Argentré ont donné de beaux poulains avec des étalons de sang et de conformations bien différentes.

Il y a douze ans, il y avait dans le canton un beau cheval percheron, auquel M. le marquis d'Argentré accordait une prime annuelle de 100 fr. : ce cheval produisait dans le pays nombre de beaux poulains ; ils se vendaient tellement bien qu'il n'en est pas resté de cette souche.

Aujourd'hui, on doit penser à conserver le beau moule que représentent les juments du canton, ou bien les agriculteurs n'en auront peut-être plus d'aussi bonnes pour les travaux des champs, la douceur, l'entretien facile et la faculté de donner d'aussi beaux poulains.

Dans ce canton, j'ai vu ce que j'ai également remarqué dans d'autres : les chevaux demi-sang, bien établis, donner des poulains bien faits et doublés avec la jument du pays ; tandis que les chevaux de sang, avec des juments provenant seulement d'un *premier croisement*, donnaient des produits grêles, décousus, et ne répondant pas aux besoins des cultivateurs, du commerce, de l'armée.

J'ai vu en outre, toutes les fois qu'on faisait saillir une jument provenant d'un *second croisement* par un cheval de sang, avoir un produit encore plus grêle que dans le cas précédent.

De ces faits il résulte évidemment que les intérêts du cultivateur lui commandent de faire saillir la jument commune par un étalon bien fait, de moyenne taille et ayant un peu de sang, tandis qu'il faut faire saillir la jument provenant d'un premier ou d'un second croisement par un bon cheval n'ayant pas de sang, et présentant la conformation du percheron de taille moyenne.

Semblable au constructeur qui démolit avant d'avoir fini l'édifice, les agriculteurs du département n'arriveront donc jamais par ce moyen à produire du pur sang? Cela est vrai; mais en agissant de la sorte ils produiront le cheval qu'ils peuvent élever en le faisant travailler : ils feront le cheval qui est recherché par le luxe, l'armée, le commerce, par tout le monde enfin, excepté par les coureurs d'hippodromes. A des personnes riches, à d'autres localités mieux favorisées que nous sous ce rapport, laissons le soin de faire des pur sang, et contentons-nous de fabriquer le cheval qui est vendable tous les jours, à la place de celui qui ne l'est qu'un jour dans l'année.

Espèce Bovine.

Dans le canton d'Argentré il y a un grand nombre de bêtes bovines, desquelles on retire des services et des produits.

On ne rencontrait autrefois dans le canton d'Argentré que des bêtes appartenant aux races bretonne et mancelle, la première toujours croisée avec la seconde, tandis que celle-ci était souvent pure et sans croisement.

Il y a quelques années, la race suisse de Schwitz fut introduite dans le canton, et on la croisa avec la bretonne-mancelle et avec la pure mancelle.

Aujourd'hui, il y a des taureaux pur-sang durham, et on fait des croisements de la bretonne-mancelle avec la durham, de la mancelle pure avec la durham, de la bretonne-mancelle-schwitz avec la durham, et de la mancelle-schwitz avec la durham.

Telles sont les variétés de l'espèce bovine qu'on rencontre aujourd'hui dans le canton d'Argentré.

1° On reconnaît la vache bretonne-mancelle, qui est la plus répandue dans le canton, aux caractères suivants : taille moyenne de 1 mètre 20 à 1 mètre 30 et quelques cent., de robe pie-alezan, avec la tête un peu forte, les cornes d'un blanc jaunâtre, l'encolure courte et mince, la poitrine un peu étroite comparativement au ventre qui est gros, le garrot mince, le dos droit, les reins parfois un peu bas, la croupe large avec les hanches saillantes, les épaules peu musculeuses, le gigot faible et les extrémités fines. Il y en a quelques-unes qui sont bonnes laitières, mais il y en a aussi qui donnent peu de lait.

Aux bêtes de cette catégorie on peut reprocher dans certains cas de ne pas être laitières, et toujours leur peu d'aptitude à l'engraissement.

2° La vache mancelle du canton d'Argentré est plus grande que celle de la précédente catégorie; elle est de robe pie-alezan, mais les couleurs en sont moins vives : elle a la tête plus courte et plus large; le mufle rose est le plus estimé. Les cornes sont d'un blanc un peu sale, elles sont fines, projetées en avant (non de côté) et en relevant; elle a l'encolure plus épaisse que la bretonne-mancelle, le garrot plus épais, le dos, les reins et la croupe presque sur la même ligne; la croupe est moins large, le ventre moins gros, la poitrine paraît plus développée, les épaules sont moins maigres, le gigot n'est guère plus prononcé, les membres sont bien plus longs et plus osseux, enfin elle ne présente jamais de bonnes marques laitières.

Dans ce canton, jusqu'à l'âge de quatre à cinq ans, la bête mancelle est toute en membres; elle paraît levrettée et n'a pas de cuisses : ce n'est guère qu'à cet âge que les muscles commencent à se développer pour atteindre des proportions qui sont toujours trop exiguës. On peut dire que cette race se développe très-lentement, qu'elle ne peut être livrée à la boucherie qu'à un âge avancé, enfin qu'elle ne présente pas les qualités laitières que l'on recherche dans le canton.

3° Des taureaux de race suisse, croisés avec la bretonne-mancelle et avec la mancelle du canton, ont produit des bêtes ayant la même taille que cette dernière, avec le mufle noir bordé de gris, le chignon plus crépu, les cornes dirigées en dehors et de couleur terreuse ou noirâtre, l'encolure plus épaisse. Ce croisement a donné des fanons aux autres qui n'en avaient pas, et a produit des animaux ayant parfois les reins bas, le garrot, le dos et même la croupe comme la mancelle, les épaules et les cuisses un peu plus grosses, la poitrine et le ventre un peu plus descendus, avec des membres très-gros du bas, la queue grosse à sa base, la peau beaucoup plus épaisse, et la robe souvent entremêlée de poils noirâtres avec des blancs, ou bien une raie tantôt noire, tantôt couleur fauve sur la ligne du dos, des reins et de la croupe.

Le croisement suisse avec la bretonne-mancelle a produit de l'augmentation dans la quantité de lait, et avec la pure mancelle il n'a guère développé cette aptitude.

Le croisement suisse a bientôt été jugé d'une manière défavorable; d'abord par les agriculteurs, qui ont reconnu que les bêtes étaient plus grandes mangeuses, que leur lait était moins butireux, qu'elles ne valaient pas la bretonne-mancelle, ni la mancelle pure pour le travail; ensuite par les bouchers, qui ont bientôt constaté que toutes les bêtes provenant de croisement suisse avaient plus d'apparence de graisse et de chair qu'elles n'en présentaient réellement à l'abattage, parce qu'elles avaient le cuir très-épais et les os excessivement volumineux.

4° Telles étaient les bêtes bovines de ce canton, lorsque M. le marquis d'Argentré fils, désirant continuer l'œuvre de son père, eut l'heureuse idée d'avoir un taureau pur-sang durham. Depuis, M. le comte F. de Langle, voulant faire profiter les cultivateurs de la commune de Torcé et du canton des avantages que présentait le nouveau croisement, fit l'acquisition d'un taureau pur sang durham de premier mérite, qui a été lauréat du concours régional de Rennes, du concours général de Paris en 1855, et du dernier concours universel.

Aujourd'hui, le canton d'Argentré est dans une ère nouvelle ; il présente plusieurs vaches et taureaux de pur sang durham. Les caractères des races pures ou croisées bretonne, mancelle et suisse, disparaissent pour être remplacés par ceux de la durham ; tous les cultivateurs suivent cette voie, et tous s'en trouvent bien.

On constate en effet que les bêtes provenant de croisement durham ont la tête courte et fine, le mufle rose, les cornes fines, courtes, de couleur blanchâtre, l'encolure mince et courte, le garrot large, le dos, les reins et la croupe larges et sur la même ligne, la poitrine ample et profonde, avec peu de fanon, le ventre cylindrique, les épaules et les cuisses bien musclées, la queue fine à sa base, les os des membres très-menus, les sabots petits, le cuir mince, souple et libre ; enfin les marques laitières existent chez tous les sujets, même chez ceux provenant de la pure race mancelle.

Jamais croisement n'a produit plus d'améliorations.

Maintenant, le canton d'Argentré possède une race nouvelle, qui réunit les meilleures qualités que l'on puisse désirer, et qui sont : une très-grande précocité, les aptitudes laitières, d'engrais et de travail.

Au dernier concours du canton d'Argentré, les animaux qui attestaient les résultats obtenus étaient, savoir : vingt taureaux, vingt-cinq génisses et vingt-quatre veaux de lait.

Espèce Porcine.

L'espèce porcine est nombreuse dans le canton d'Argentré ; il y a plusieurs fermiers qui ont des truies portières et qui font le commerce des petits porcelets. La race la plus répandue est la bretonne ; elle a été croisée à différentes reprises par la craonnaise, mais on ne l'a guère améliorée par ce moyen.

Reconnaissant toute l'importance du croisement new-leicester avec la pure race craonnaise et celle du pays, M. F. de Langle et M. d'Argentré ont entrepris depuis quelques années l'amélioration de ces races, en ayant recours à ce croisement. Les résultats qu'ils ont obtenus ont pleinement confirmé leurs espérances : les produits sont précoces, bien conformés et d'un entretien peu dispendieux.

Les agriculteurs du canton feront bien d'avoir un plus grand nombre de truies portières, de suivre l'exemple qui leur est donné; ils reconnaîtront bientôt les grands avantages de ce croisement, et sous peu ceux encore plus précieux de la pure race anglaise.

Pour ce canton, de même que dans tout le reste du département, la production porcine est une source de richesse pour tous les agriculteurs.

Au dernier concours, il y avait un certain nombre de types de pure race anglaise.

Espèce Ovine.

On rencontre des animaux d'espèce ovine chez plusieurs cultivateurs du canton d'Argentré; mais on n'y attache pas l'importance qu'ils devraient avoir dans toutes les exploitations rurales.

Cependant, ce canton est à même d'améliorer sa race commune avec le mérinos ou le dishley, attendu qu'il y a de ces deux races chez M. le marquis d'Argentré.

Ce que j'ai exposé à ce sujet, en parlant de l'arrondissement de Rennes, s'applique au canton d'Argentré.

CANTON DE CHATEAUBOURG.

Les communes composant ce canton sont : Broons-sur-Vilaine, Châteaubourg, Chaumeré, Domagné, Louvigné-de-

Bais, Ossé, Saint-Didier, Saint-Jean-sur-Vilaine et Saint-Melaine.

Depuis quelques années surtout, les cultivateurs du canton de Châteaubourg emploient des instruments perfectionnés; ils font des plantes fourragères, et s'occupent beaucoup de la production des espèces chevaline et bovine; c'est à l'influence du Comice et de quelques propriétaires riches qu'il faut attribuer ces heureuses tendances.

Espèce Chevaline.

L'espèce chevaline du canton de Châteaubourg présente les mêmes caractères que celle du canton d'Argentré, avec un peu plus de taille et un volume proportionné.

Les cultivateurs qui ont des juments poulinières les emploient pour les labours; il y en a qui ont des attelages de chevaux entiers et d'autres qui se servent de bœufs.

Les juments du canton doivent être l'objet de soins minutieux et bien entendus, car toutes celles des concours sont toujours dans de bonnes conditions.

En 1854, il y avait au concours de Châteaubourg neuf juments suitées de poulains de l'année, et un grand nombre de poulains âgés de dix-huit mois.

Au concours de 1855, il y avait un étalon de pur-sang anglais, sept juments suitées de poulains de l'année, et sept poulains âgés de dix-huit mois. En 1854, trois primes furent accordées par la Commission hippique à des juments suitées qui avaient été saillies, savoir : deux par *Kaïsar* et une par *Flitta*.

En 1855, deux juments ont été primées, savoir : une qui avait été saillie par *Nabunal,* l'autre par *Némérode*.

Il est à remarquer que la partie de ce canton qui se trouve très-éloignée de la station d'étalons de Vitré est dépourvue de bons reproducteurs.

Eu égard à la bonne conformation des juments poulinières du canton de Châteaubourg, il est regrettable que l'administration des haras ait *approuvé* un étalon, ***Mars***, que la Commission hippique départementale n'a pas cru devoir *autoriser*, parce qu'il présente une *tare héréditaire* (forme au membre antérieur droit, de la grosseur de la moitié d'un œuf de poule).

Ce que j'ai dit au sujet des juments poulinières du canton d'Argentré est également applicable à celui-ci.

Espèce Bovine.

Il y avait autrefois dans le canton de Châteaubourg une variété de l'espèce bovine qui dominait : c'était celle provenant du croisement breton-normand ; elle a été croisée depuis avec la race mancelle, et aujourd'hui toutes les variétés et sous-variétés du canton sont croisées avec la race durham.

1° On reconnaît la vache bretonne-normande aux caractères suivants : robe alezan avec beaucoup de blanc sous le ventre et à la tête. Celle qui a le plus de sang normand est un peu brangée ; elle a la tête forte, le mufle rose ; les cornes, blanches à la base et jaunâtres vers leur extrémité, sont un peu longues et généralement bien contournées ; l'encolure est courte et grêle, la poitrine moyenne, le garrot, le dos et les reins sont sur la même ligne ; la croupe est large, les hanches saillantes, et elle est plus élevée dans le plan médian que sur les côtés ; elle a le ventre gros, elle est peu musclée, a les membres assez fins, et est ordinairement bonne laitière. La vache de ce croisement peut avoir la taille de 1 mètre 20 et quelques centimètres ; celle qui a le plus de sang normand a un peu plus de taille, est moins doublée et plus anguleuse.

2° La bretonne-normande a été croisée avec la race mancelle : née ou élevée dans l'arrondissement, elle a donné des produits ayant plus de taille, de robe alezan avec du blanc; elle a diminué les qualités laitières, augmenté l'épaisseur du cuir, la grosseur des os et la longueur des membres.

3o Il y a quelques années, M. du Breil ayant été à même d'apprécier les résultats obtenus par le croisement durham et voulant faire participer les cultivateurs du canton aux avantages qu'il présentait, fit pour son propre compte l'achat d'un taureau pur-sang durham, et engagea le Comice, dont il est le président, à se procurer un reproducteur de la même race.

C'est à dater de l'époque de l'introduction du sang durham dans le canton de Châteaubourg que des améliorations réelles ont été obtenues. Ce canton présente aujourd'hui un grand nombre de produits provenant de l'espèce du pays avec la durham; tous sont remarquables par leur tête fine, les cornes courtes et fines, l'encolure mince, la poitrine large et profonde, le garrot épais, le dos et les reins larges et droits, la croupe presque horizontale, la peau fine et souple, le grand développement musculaire, la finesse des extrémités et les belles marques laitières.

On remarque que les produits du durham, placés dans les mêmes conditions que les variétés du pays, sont plus précoces, plus en état et donnent plus de lait.

Voilà le canton de Châteaubourg dans une bonne voie; les cultivateurs estiment beaucoup le croisement du durham. Il est à désirer que l'administration vienne en aide à ce canton, afin qu'il puisse continuer avec persévérance.

Au dernier concours de Châteaubourg, il y avait sept taureaux, dix génisses de dix-huit mois et treize veaux de lait.

Espèce Porcine.

Plusieurs cultivateurs du canton de Châteaubourg s'occupent de la production de l'espèce porcine; mais il y en a encore un certain nombre qui n'apprécient pas tous les avantages que cet animal peut leur procurer.

Il y a dans le pays des truies portières de race bretonne, quelques-unes ont un peu de craonnais, et M. du Breil a des cochons de pure race new-leicester.

Les cultivateurs devraient tous avoir des truies portières, et ceux qui n'ont que la race du pays feraient bien de la croiser avec la race anglaise.

Ce que j'ai dit à ce sujet relativement à l'arrondissement de Rennes est applicable à ce canton.

Espèce Ovine.

Il n'y avait pas de moutons au concours du Comice; il n'y a qu'un petit nombre de cultivateurs du canton à en avoir, et cependant avec cet animal il leur serait facile de réaliser de beaux bénéfices. *(Voyez espèce ovine, arrondissement de Rennes.)*

CANTON DE LA GUERCHE.

Les communes de ce canton sont : Availles, Bais, Chelun, Drouges, Eancé, La Guerche, la Selle-Guerchoise, Moulins, Moussé, Moutiers et Vissciche.

Dans le canton de La Guerche, il y a des contrées où l'agriculture est prospère, et il y en a d'autres où il reste encore beaucoup à faire. Il est à remarquer que, dans les cantons du département où des propriétaires riches donnent l'exemple d'une bonne culture, il en résulte un grand bien, parce que les agriculteurs cherchent à les imiter. La partie de ce canton qui est à proximité des fours à chaux l'emploie avantageusement et produit plus de fourrages que celle qui en est éloignée.

Espèce Chevaline.

Les agriculteurs du canton de La Guerche s'occupent beaucoup de la production de l'espèce chevaline; la plupart font leurs travaux agricoles avec des juments poulinières, le plus petit nombre emploie des chevaux entiers ou des bœufs.

Au concours de 1854, la Commission hippique visita treize juments suitées de poulains de l'année, et elle accorda six primes à celles qui présentaient les plus beaux produits; elles avaient été saillies, savoir : cinq par *Pactole*, cheval autorisé, et une par *Velox*, étalon pur sang de l'administration des haras.

Au même concours, il y avait en outre cinq étalons de présentés à l'autorisation, et un grand nombre de poulains et pouliches de dix-huit mois.

En 1855, l'espèche chevaline était représentée au concours de La Guerche par dix juments suitées de poulains de l'année, trois étalons et vingt-et-un poulains et pouliches de dix-huit mois. Les quatre juments primées avaient été saillies savoir : deux par *Nabunal*, une par *Cadet*, cheval autorisé, et une par *Marquis*, cheval également autorisé.

Les juments du canton de La Guerche ont une taille moyenne de 1 mètre 48 à 50 et quelques centimètres; elles ont le corps ample, de bons membres, sont d'un bon tempérament, paraissent bien soignées et produisent de beaux poulains.

Il y a nombre d'années que les propriétaires de juments poulinières habitant ce canton étaient privés d'étalons; il en résultait un préjudice réel, tant par suite des longues distances qu'ils étaient obligés de parcourir pour aller les faire saillir, que par le découragement qui s'en était suivi et qui avait déterminé plusieurs cultivateurs à renoncer à employer leurs juments pour la reproduction. Depuis trois ans, M. Lemé, agronome distingué, domicilié dans le canton, a eu l'excellente idée de faire l'acquisition de plusieurs étalons, qu'il envoie annuellement à La Guerche pendant la saison de la monte; il faut espérer que cette mesure produira de bons résultats.

Espèce Bovine.

Au dernier concours de La Guerche, six taureaux et treize génisses représentaient l'espèce bovine du canton.

S'il faut en juger d'après les échantillons du concours, on doit se faire une bien triste idée des ressources des agriculteurs de ce canton.

Il y avait des bêtes de croisement breton-normand, à conformation défectueuse; d'autres paraissaient provenir de croisement avec la race mancelle, et étaient encore plus vilaines.

Plusieurs étaient hautes de membres, avaient les hanches saillantes, la queue haute, les cuisses plates, les cornes solides, le cuir adhérent, et ne présentaient pas de signes laitiers.

Il faut reconnaître que les cultivateurs qui produisent des bêtes bovines avec cette conformation ne sont pas dans la bonne voie pour l'amélioration, et on doit craindre qu'ils en aient encore de plus mauvaises, surtout si on accorde des récompenses à celles qui sont les plus grandes.

Si les agriculteurs avaient à leur disposition un bon taureau durham, laitier et de moyenne taille, ils pourraient améliorer l'espèce bovine qu'ils ont; mais chercher à l'améliorer par elle-même, il ne faut pas y songer.

Je crois qu'il y a un certain nombre de bons cultivateurs du canton qui ont des vaches bretonnes avec un peu de sang normand ; elles sont de moyenne taille et bonnes à lait ; avec un taureau de pure race bretonne, ceux-là pourraient obtenir de bons résultats.

C'est le cas de rappeler qu'il n'en coûte pas plus pour élever une bonne bête qu'une mauvaise, et tandis qu'avec la première on fait du beurre, l'autre ne rend rien.

Espèce Porcine.

L'espèce porcine était représentée au concours de La Guerche par trois verrats de race craonnaise. Eu égard à ce que ce canton se trouve voisin du pays où on rencontre la meilleure race porcine que nous ayons en France, on aurait pu s'attendre à une exhibition plus nombreuse et plus remarquable. Il y a bien un certain nombre de cultivateurs du canton qui s'occupent de la production porcine, mais elle ne fait pas partie de toutes les exploitations rurales. Cependant ce canton est à même de réaliser de grands bénéfices avec des truies portières de race craonnaise. (*Voyez ce que j'ai dit au sujet de l'arrondissement de Rennes.*)

Espèce Ovine.

L'espèce ovine ne figurait pas au concours de La Guerche; il paraît que les cultivateurs du canton n'apprécient pas les avantages que cet animal est capable de leur procurer. Tous les fermiers peuvent avoir des moutons; ils laissent perdre certaines substances alimentaires dont cet animal ferait bien son profit. (*Voyez à ce sujet les observations concernant l'arrondissement de Rennes*).

CANTON DE RHETIERS.

Les communes qui composent ce canton sont celles d'Arbresec, Coësmes, Essé, Forges, Le Theil, Marcillé-Robert, Martigné-Ferchaud, Rhetiers, Sainte-Colombe et Thourie.

Le canton de Rhetiers présente quelques fermes en bonne culture, d'autres qui sont un peu négligées; il a encore une certaine étendue de landes.

L'amélioration territoriale dépend non-seulement de l'industrie du fermier, mais encore des ressources dont il peut disposer en argent ou en bestiaux ; le meilleur agriculteur ne pourra rien s'il a les mains liées.

Il y a des contrées dans le canton de Rhetiers qui seront encore médiocres et incultes pendant longtemps, si les propriétaires ne viennent pas en aide à leurs fermiers.

Espèce Chevaline.

Dans les meilleures fermes du canton de Rhetiers, on rencontre des juments poulinières qui servent pour faire tous les travaux; dans quelques-unes on voit des chevaux entiers, et dans d'autres il y a des bœufs : il n'est pas rare qu'il y ait des attelages mi-partis.

Au concours de 1854, il y eut trois juments primées pour avoir donné de bons produits : une avait été saillie dans le département de la Loire-Inférieure, une par *Cadet,* étalon autorisé, et la troisième par un étalon de Craon. Il y avait en outre une vingtaine de poulains et pouliches de dix-huit mois.

En 1855, l'espèce chevaline était représentée au concours de Rhetiers par dix juments suitées de poulains de l'année, un étalon et dix-huit poulains et pouliches de dix-huit mois. Les trois juments suitées qui ont été primées avaient été saillies, savoir : une par *Nabunal,* une par *Ligueur* et une par *Pigeon,* cheval autorisé.

Les juments de ce canton ont une moyenne de 1 mètre 47 à 1 mètre 50 centimètres de taille; elles sont bien doublées, ont de beaux aplombs, et présentent les caractères de la petite race bretonne des Côtes-du-Nord, ou bien ceux de la race de Vitré un peu grandie. Les poulains de six mois et ceux de dix-huit mois qui étaient au concours annonçaient de bonnes qualités reproductrices, car il y en avait un certain nombre qui étaient très-remarquables.

Lorsque ce canton n'avait pas d'autres ressources que la station des étalons de Vitré, il produisait moins de poulains que maintenant qu'il a des reproducteurs à La Guerche.

Les cultivateurs qui ont encore des attelages de chevaux entiers, et ceux qui emploient des attelages mi-partis, feraient bien d'avoir des juments poulinières.

Le cheval qui a été autorisé dans le canton est un des plus remarquables du département, et convient sous tous les rapports pour les juments du pays.

Espèce Bovine.

L'espèce bovine était représentée au concours par seize taureaux et trente-huit génisses appartenant à des variétés bien différentes :

1° Il y en avait provenant de croisement breton-normand;

2° Ayant du breton-normand-nantais;

3° Présentant les caractères de la race normande bien dégénérée;

4° Ayant du breton-normand-suisse;

5° Enfin, un métis durham.

D'après ces divers croisements mélangés entre eux, il est facile de voir que ce canton abâtardit de plus en plus l'espèce bovine, et qu'en continuant à agir de la sorte il n'aura jamais de bons résultats.

Ce qui porte les cultivateurs à essayer ces divers croisements, c'est que quelques-uns se trouvent près du département de la Loire-Inférieure, où ils voient de beaux bœufs nantais, tandis que d'autres ont occasion de voir à La Guerche des bêtes ayant beaucoup de normand.

Ce que j'ai dit au sujet de l'espèce bovine concernant l'arrondissement de Rennes est applicable à celui-ci, puisqu'il présente des bêtes provenant des mêmes croisements.

Espèce Porcine.

L'espèce porcine était bien représentée au concours de Rhetiers; on peut dire que sous ce rapport c'était celui qui étalait les plus beaux types du département.

Il y avait six verrats et deux truies de race craonnaise, qui étaient tous bien remarquables.

La meilleure preuve que l'exemple d'un propriétaire ou d'un bon cultivateur dans le canton suffit souvent pour introduire de grandes améliorations, c'est que celui-ci, qui est plus éloigné de Craon que le canton de La Guerche, possède cependant la plus belle race porcine de cette contrée.

Il y a bien un certain nombre de fermiers qui comprennent tous les avantages que peut leur procurer la production de l'espèce porcine; mais tous ceux du canton n'ont pas de truies portières.

Le meilleur moyen d'augmenter la prospérité du canton de Rhetiers, c'est d'engager les cultivateurs à s'occuper le plus en grand possible de la production de l'espèce porcine. (*Voyez arrondissement de Rennes,* espèce porcine.)

Espèce Ovine.

Elle n'était pas représentée au concours : c'est encore une branche de l'industrie rurale qui a besoin de prendre plus d'extension.

La plupart des fermiers du canton ont des terrains dont la culture est peu prospère, où les vaches ne peuvent pas trouver de quoi vivre, tandis que les moutons pourraient facilement y ramasser leur nourriture.

Les bénéfices que produisent les moutons dans une exploitation rurale bien dirigée ne sont pas à dédaigner, et si les fermiers du canton de Rhetiers savaient s'arranger, ils profiteraient des avantages que ces animaux présentent. (*Voyez arrondissement de Rennes,* espèce ovine.)

CANTON DE VITRÉ.

Les deux cantons de Vitré se trouvant réunis dans le même concours et ne présentant pas de différence entre eux tant sous le rapport cultural que sous celui de la production animale, je crois devoir les considérer comme s'ils ne formaient qu'un canton.

Canton Est. — Vitré (ville), Balazé, Bréal, Châtillon-en-Vendelais, Erbrée, La Chapelle-Erbrée, Mondevert, Montautour, Princé et Saint-M'Hervé.

Canton Ouest. — Vitré (ville), Champeaux, Cornillé, Izé, Landavran, Le Taillis, Marpiré, Mecé, Montreuil-des-Landes, Montreuil-sous-Pérouse, Pocé, Saint-Aubin-des-Landes et Saint-Christophe-des-Bois.

Dans les deux cantons de Vitré, l'agriculture a fait de notables progrès ; les fermiers s'occupent beaucoup des espèces chevaline et bovine : il suffit de les maintenir dans la voie des améliorations, et le succès sera assuré.

Espèce Chevaline.

La race chevaline des cantons de Vitré est très-ancienne ; elle a toujours joui d'une grande réputation, mais on lui reproche sa petite taille. Cette race passe une partie des nuits dans les pâturages, mange rarement du grain, supporte bien la fatigue, est peu sujette aux maladies ; tels sont les caractères qu'elle présente, qui la rendent la plus rustique que l'on connaisse, et qui ont valu à ces chevaux le nom de *cosaques français*.

Au concours de 1854, l'espèce chevaline des cantons de Vitré était représentée par vingt-huit juments suitées de poulains de l'année, et un grand nombre de poulains et pouliches de dix-huit mois.

Les juments primées par la Commission hippique, pour

avoir donné des preuves d'une bonne reproduction, avaient été saillies, savoir : neuf par *Isidore*, cinq par *Ligueur*, quatre par *Kaïsar*, deux par *Flitta*, une par *Ulysse* et une par *Gourmet*. Ce dernier est un étalon autorisé dans les cantons de Fougères.

Au concours de 1855, il y avait vingt-quatre juments poulinières suitées de l'année, et dix-huit poulains et pouliches de dix-huit mois. Les juments qui avaient donné les plus beaux poulains de l'année avaient été saillies, savoir : onze par *Nabunal*, trois par *Kaïsar*, deux par *Isidore* et une par *Ligueur*.

D'après ces documents, il est à remarquer que c'est le cheval de demi-sang qui a donné le plus grand nombre de poulains les mieux conformés; cependant il est important de constater qu'en 1853, sur vingt-six primes accordées aux juments suitées de poulains de l'année, dix avaient été saillies par *Kaïsar* et quatre par *Flitta*, tous deux chevaux de race arabe.

On ne doit pas attribuer la distribution des primes, en 1854 et 1855, plutôt aux poulains de demi-sang qu'aux poulains de provenance arabe, parce qu'à un âge plus avancé ces derniers auraient mal réussi : la véritable cause est due à ce que, dans les deux derniers concours, il y avait un bien plus grand nombre de juments suitées de poulains issus de demi-sang.

Le cheval arabe, avec les juments de Vitré, a donné des produits très-bien conformés, qui ont acquis amplement la taille de cavalerie, et se sont bien vendus pour la remonte et le commerce; mais malgré leur caractère doux et le cachet de distinction que tous ces chevaux présentent, plusieurs cultivateurs paraissaient accorder la préférence à ceux ayant encore plus de gros et moins de sang.

En effet, les agriculteurs des cantons de Vitré ont des terres qui nécessitent une grande force pour pouvoir être convenablement labourées ; le cheval vif, léger, qui a des dispositions à la danse, comme ils disent, n'est pas aussi propice pour le tirage lent que le cheval ayant moins de brillant, moins de sang et plus de poids.

On entend dire de tous côtés : maintenant que nous avons des chemins de fer dans toute la France, le gros cheval commun va disparaître, il ne peut plus convenir, parce que nos mœurs, nos habitudes, nos besoins ne seront bientôt plus les mêmes.

Selon certaines personnes, c'est le cheval léger qu'il faut fabriquer, il n'y a que celui-là qui puisse désormais satisfaire aux exigences de l'homme; cependant, l'éleveur et la plupart des acheteurs accordent la préférence au cheval doublé.

Le cheval que les cultivateurs des cantons de Vitré peuvent élever avec le moins de frais, celui que sa conformation rend apte à être employé pour les travaux agricoles et qui est le plus demandé par le commerce et l'industrie, voilà celui qu'il faut produire. Les juments poulinières des cantons de Vitré ont la taille de 1 mètre 40 à 1 mètre 46 centimètres, avec la tête sèche et bien conformée, mais paraissant un peu longue par rapport à l'encolure qui est courte, mince et droite; elles ont le poitrail large, le garrot bas et large, les épaules courtes, sèches et obliques, le dos et les reins sont parfois un peu bas, la croupe est courte, large et légèrement avalée : la poitrine est ample, le ventre gros, les avant-bras courts et pourvus de muscles bien dessinés ; les cuisses sont bien musclées, les jambes minces ; les genoux et les jarrets sont secs, mais il y a quelques juments qui ont ces derniers un peu rapprochés; elles ont les canons larges et secs, les boulets bien établis, les paturons courts et flexibles, les pieds sont solides et de moyenne grandeur, mais ils manquent de talons. Les juments de Vitré paraissent près de terre; elles sont le plus souvent de robe baie et présentent peu de poils aux extrémités.

Tout le monde s'accorde à dire que la race de Vitré est

trop petite, parce qu'elle n'atteint que rarement la taille de cavalerie légère. Au premier abord, cette objection peut paraître fondée ; mais gardons-nous bien d'adresser des reproches au cultivateur qui a su conserver cette race dans l'état où nous la trouvons ; s'il avait eu de grands chevaux avant d'avoir défriché une partie de ses landes et qu'il eût rendu son sol plus fertile, il aurait fait une mauvaise opération, parce qu'il n'aurait pas eu de quoi les nourrir.

L'espèce chevaline des cantons de Vitré a un beau coffre, elle a de grandes qualités ; cela est incontestable ; elle n'est cependant pas parfaite, puisqu'il est encore question de l'améliorer.

Au cultivateur qui possède de bons chevaux, il peut être difficile de faire comprendre qu'il faille les améliorer. Aussi est-il important qu'il sache que toutes les races tendent à dégénérer, et qu'on ne peut les maintenir bonnes qu'avec de grandes précautions et des efforts pour les rendre meilleures.

Avant d'indiquer les moyens à employer pour améliorer l'espèce chevaline de Vitré, il est important de tenir compte des résultats qu'on aurait pu obtenir avec ceux qui auraient été précédemment appliqués.

D'après les recherches que j'ai pu faire à ce sujet, la race chevaline des cantons de Vitré ne doit les caractères qu'elle présente qu'aux effets du hasard et à la puissance de la nature ; son origine se perd dans la nuit des temps : il est appris seulement qu'elle est plus grande qu'autrefois.

Je crois que la principale cause à laquelle on puisse attribuer cette augmentation de taille est le résultat des améliorations agricoles, qui ont mis le producteur à même de pouvoir distribuer une nourriture plus abondante et plus substantielle.

Depuis nombre d'années, l'administration des haras envoie des étalons à Vitré ; mais comme tous les produits qui en proviennent sont vendus à un certain âge, il s'ensuit que l'espèce chevaline des cantons de Vitré n'a pas été grandie ni améliorée par ces étalons.

Les juments poulinières présentent toutes un cachet particulier de race qui est le même qu'on leur a toujours connu ; que leur saillie par des chevaux du pays soit le résultat de la volonté de l'homme, ou qu'elle s'opère accidentellement dans les pâturages, cela a suffi jusqu'alors pour la production de celles que nous voyons.

Il y a bien eu quelques cultivateurs du pays qui ont eu des étalons, mais sans tenir compte de leur âge ni de leur conformation, pas plus que de leur généalogie ; ils ont agi sans discernement, et les modifications qu'ils ont pu imprimer à la race de Vitré n'ont été que de courte durée.

Prenant en considération la conformation des juments et celle de leurs produits, on est forcé de convenir que le cheval arabe est celui qui a le mieux réussi pour faire de bons chevaux de selle pour le luxe et pour l'armée, et que cet étalon est celui qui paraît le mieux s'approprier avec les juments de la race de Vitré.

Deux chevaux arabes, *Kaïsar* et *Flitta*, le premier surtout, ont donné des poulains admirables : on est surpris de leur force, de leur taille, de leur régularité d'ensemble ; ils réunissent toutes les conditions nécessaires pour faire le bon cheval.

Malgré cela, pour les raisons que j'ai précédemment fait connaître, le cultivateur des cantons de Vitré, qui exige une grande force de traction pour le labourage et les charrois fréquents qu'il fait en dehors de son exploitation, paraît présentement renoncer à croiser la jument du pays avec la race arabe.

Aujourd'hui, les étalons qui ont le plus de vogue à la station de Vitré sont ceux qui produisent le poulain à formes plus lourdes et plus propices pour le tirage ; mais est-ce à dire pour cela qu'on soit dans la bonne voie pour améliorer la race du pays ?

Il est bien reconnu que toutes les fois qu'on a voulu grandir une race en faisant choix d'un étalon plus fort et beaucoup plus grand que la jument, on a le plus souvent obtenu des produits décousus et de peu de valeur ; on a également constaté que dans le croisement de deux races, dont l'une est plus ancienne que l'autre, il faut bien se garder d'avoir recours à des étalons de races de nouvelle formation pour chercher à améliorer, parce qu'ils ne sont pas capables de transmettre les bonnes qualités de la race à laquelle ils paraissent appartenir. L'étalon carrossier soi-disant demi-sang a de l'apparence, cela est vrai ; mais il est bien fort et plus grand que la jument de Vitré. Disons, en outre, qu'il est à craindre qu'à certaines époques de l'année l'éleveur n'ait pas une suffisante quantité de nourriture pour subvenir aux exigences de ces produits.

Pourquoi ne chercherait-on pas à améliorer la race de Vitré par elle-même ?

En accordant des primes à des étalons de la pure race du pays, on pourrait la conserver, l'améliorer même, et on serait assuré que ces beaux coffres de juments poulinières ne disparaitraient pas.

En résumé, 1° dans les fermes des cantons de Vitré, où on se sert principalement de bœufs pour faire les grands travaux, on peut avoir recours à un premier croisement de la jument du pays avec l'étalon arabe ;

2° Dans les exploitations agricoles où on a l'habitude de faire les labours et des charrois au dehors avec les juments et leurs produits, le cheval demi-sang de moyenne taille doit être préféré à l'étalon arabe ;

3° Pour conserver l'espèce du pays, on devrait encourager les agriculteurs à bien élever les bons types de la race, afin de pouvoir les employer pour la reproduction.

Espèce Bovine.

L'espèce bovine occupe une place importante dans les exploitations agricoles des deux cantons de Vitré; elle était représentée au dernier concours par vingt-et-un taureaux, vingt-cinq femelles et vingt-trois veaux de lait.

Dans un grand nombre de fermes, on rencontre des bœufs qui sont employés pour faire les travaux de la terre; dans toutes il y a un fort troupeau de vaches qui sont entretenues principalement pour la production du lait.

L'espèce bovine du pays se ressent des influences de celles de Fougères et de Laval, des races suisses et durham.

1° Il y a des vaches qui ont du breton et du normand;

2° Il y en a qui ont du breton, du normand et du manceau;

3° Quelques-unes ont du breton, du normand, dn manceau et du suisse;

4° Enfin, toutes les variétés précédentes, qui annoncent la prédominance de l'une ou de l'autre race, sont maintenant croisées avec la race durham.

Il y a plusieurs années, le Comice de Vitré ayant reconnu que les croisements effectués dans le canton d'Argentré amélioraient considérablement l'espèce bovine du pays, fit l'acquisition d'un taureau pur sang durham, à l'effet de faire profiter les cultivateurs des mêmes avantages.

Les résultats obtenus dans les deux cantons de Vitré sont conformes à ceux du canton d'Argentré; les espérances du Comice se sont parfaitement réalisées, parce que l'espèce bovine des deux localités présente les mêmes variétés et se trouve dans les mêmes conditions de nourriture et de prospérité.

M. Morel, propriétaire-cultivateur à Vitré, fait des essais de croisement des variétés du pays avec la race anglaise de West-Highland; les types présentés au dernier concours n'étaient pas assez âgés pour pouvoir bien les apprécier. Il est à craindre que les résultats qu'il obtiendra ne soient pas conformes à ses bonnes intentions et ne répondent pas complètement aux besoins des agriculteurs et du pays.

Dans les cantons de Vitré, de même que dans celui d'Argentré, on ne saurait trop encourager le croisement durham, attendu que tout fait espérer que c'est le meilleur moyen pour améliorer l'espèce bovine du pays, qui est très-exigeante et bien abâtardie.

Espèce Porcine.

Les cultivateurs des cantons de Vitré s'occupent de la production et de l'élevage de l'espèce porcine ; plusieurs possèdent la race bretonne pure ou croisée avec la craonnaise ; il y en a d'autres qui essaient le croisement new-leicester.

Au dernier concours du Comice, il y avait des verrats de race anglaise appartenant à M. de Langle, de Vitré.

Aux cultivateurs des cantons de Vitré on ne peut pas faire les mêmes reproches qu'à ceux de l'arrondissement de Rennes. Il convient cependant de les engager à avoir un plus grand nombre de truies portières, afin qu'ils puissent profiter de tous les avantages qu'elles donnent.

Espèce Ovine.

L'espèce ovine est peu nombreuse chez les cultivateurs des deux cantons de Vitré ; on rencontre bien quelques têtes qui vont aux pâturages avec les vaches, mais c'est à titre d'échantillon, et cette espèce est loin d'avoir l'importance qu'elle mérite.

Tous les fermiers des cantons de Vitré peuvent entretenir un plus grand nombre d'animaux d'espèce ovine ; c'est une ressource de plus pour avoir de bon fumier, et ils obtiendront en outre de la laine et de la viande, qu'ils trouveront à vendre avantageusement. (*Voyez arrondissement de Rennes.*)

ARRONDISSEMENT DE REDON.

L'arrondissement de Redon est celui du département qui présente la plus grande étendue de landes; il peut être considéré comme étant celui dont l'agriculture laisse le plus à désirer. Il offre peu de ressources pour bien entretenir le bétail, et il est le plus pauvre de tous, tant sous le rapport cultural que sous celui de la valeur intrinsèque de certains animaux qu'il possède. Dans une grande partie de son étendue, cet arrondissement est formé par un sous-sol schisteux : son sol est très-accidenté, il présente une couche de terre végétale peu épaisse, et il a des endroits marécageux.

S'il est vrai qu'on puisse juger de la civilisation d'un pays par l'état de son agriculture, il faut convenir que l'arrondissement de Redon aurait pu être jugé bien défavorablement il y a quelques années, tandis qu'aujourd'hui on y remarque de notables améliorations qu'on doit attribuer aux influences de l'administration et au zèle de quelques particuliers.

CANTON DE BAIN.

Il y a dans ce canton les communes de Bain, Ercé-en-Lamée, Messac, Noë-Blanche, Pancé, Pléchâtel et Poligné.

Le Comice du canton de Bain est bien organisé; il est parvenu à faire comprendre aux cultivateurs les avantages des bons labours et des instruments perfectionnés; aussi présente-t-il annuellement un concours très-remarquable de labourage.

Les progrès agricoles s'effectuent lentement ; cependant, le froment commence à remplacer le seigle; on cultive un peu de trèfle, des choux et des racines alimentaires.

Espèce Chevaline.

Le canton de Bain présente un certain nombre de juments poulinières de race bretonne, de la taille de 1 mètre 44 à 1 mètre 48 centimètres; elles sont bien doublées et conformées pour donner de bons poulains, mais il est à remarquer que les cultivateurs les font trop travailler pour la quantité de nourriture qu'elles consomment.

Dans le même canton, on rencontre également la petite jument de lande, qui a la taille de 1 mètre 30 et quelques centimètres; elle est mince de corps, a les membres secs et les jarrets rapprochés : elle est très-sobre et rustique.

La plupart des cultivateurs se servent de bœufs pour les travaux agricoles; quelques-uns ont des attelages de juments, le plus petit nombre emploient des chevaux entiers.

L'administration n'a jamais eu de station dans ce canton, de sorte que les propriétaires de juments poulinières étaient obligés de les conduire à Rennes, et depuis quelques années ils ont les étalons de Redon. A une époque, un riche propriétaire du canton avait eu un étalon de race bretonne ; mais comme il était trop grand et trop fort, il ne pouvait convenir que pour ses juments.

On peut donc dire que ce canton a toujours été délaissé sous le rapport de la production chevaline, et qu'on doit attribuer la chétivité de l'espèce au manque de reproducteurs convenables, tout aussi bien qu'à la pénurie de la nourriture.

Pour les agriculteurs peu aisés, auxquels le travail ne fait jamais défaut, la perte de temps est un grand sacrifice, et il n'est pas étonnant que dans un grand nombre de cas ils aient préféré laisser leurs juments stériles, plutôt que de les conduire à Rennes ou à Redon.

M. de Jourdan, président du Comice de Bain, reconnaissant les inconvénients résultant pour le pays de la privation d'étalons propres à améliorer l'espèce, a acheté un reproducteur de race arabe.

On ne pouvait faire un meilleur choix; l'étalon arabe convient parfaitement pour les deux catégories de juments qui sont dans le canton, parce que les produits qui en résultent sont bien conformés, très-dociles, et se contentent de la nourriture du pays.

Dans toutes les contrées où en emploie principalement les bœufs pour les travaux des exploitations rurales, dans celles surtout où on ne rencontre qu'une petite quantité de nourriture, il y a toujours avantage à élever le cheval de selle, attendu que pendant le jeune âge on n'en a pas besoin pour le tirage, et qu'il est bien reconnu que ce cheval mange moins que le cheval de gros trait.

La production chevaline dans le canton de Bain ne présente pas la même importance que dans les cantons d'Argentré, de Fougères et de Vitré; mais elle est appelée à prendre de l'extension au fur et à mesure que les landes seront mises en culture. Il ne faudrait pas être surpris, lorsque l'agriculture sera prospère, de voir le canton de Bain offrir plus de ressources en chevaux que les cantons précités.

Au concours de 1854, il y avait deux juments suitées de poulains de l'année, et dix qui n'avaient pas été saillies.

En 1855, la Commission hippique a eu à visiter un étalon, cinq juments poulinières suitées, et deux qui ne l'étaient pas.

Le concours de 1856 devra présenter un plus grand nombre de juments suitées, parce que l'étalon de M. de Jourdan a fait trente-trois saillies l'année précédente.

Espèce Bovine.

L'espèce bovine que l'on rencontre dans le canton de Bain provient de plusieurs races qui ne conviennent pas au pays. Il est rare de voir les cultivateurs faire choix d'animaux appartenant à des races dont les habitudes et les exigences alimentaires soient en rapport avec les ressources de leurs exploitations.

Dans le canton de Bain, de même que dans tous les autres du département, on ne tient pas assez compte de son état cultural. On a des tendances à avoir de grandes vaches plutôt que des petites, c'est ce qui fait qu'elles sont généralement maigres, coûtent beaucoup et produisent peu. C'est à ne pas y croire, et cependant je l'ai vu dans les deux derniers concours. Il y a des fermiers qui ont des bestiaux qui réclament une abondante nourriture et de gras pâturages.

Aux concours de 1854 et 1855, il y avait vingt-sept taureaux et quarante-deux génisses que l'on pouvait considérer comme appartenant aux variétés suivantes :

1° De race bretonne croisée normande, avec prédominance de sang breton ;

2° De race bretonne-normande, avec prédominance de sang normand ;

3° Des bêtes ayant du breton, du normand et du nantais ;

4° Un fort taureau de croisement normand-durham, qui était né à Fougères ;

5° Quelques bêtes des environs d'Angers ;

6° Plusieurs des variétés précédentes croisées avec la race suisse ;

7° Enfin, une génisse de pur sang durham.

L'énumération de toutes ces variétés provenant de races si diverses doit suffire pour faire comprendre que le canton de Bain ne possède pas des animaux d'espèce bovine en rapport avec ses ressources et ses besoins ; aussi étaient-ils généralement maigres : plusieurs ne présentaient pas de marques laitières, avaient des os gros et des formes très-défectueuses.

Pourquoi les cultivateurs de ce canton ne se contenteraient-ils pas de la pure race bretonne du Morbihan? Elle semble avoir été faite pour eux, elle leur convient sous tous les rapports.

Les fermiers habitués à avoir de grandes bêtes décharnées, avec la queue haute et le derrière pointu, mangeant beaucoup et donnant bien peu de lait, trouveraient une grande différence s'ils avaient la petite bretonne : il est important qu'ils sachent qu'elle vit bien sur les landes, et donne beaucoup de lait comparativement à la quantité de nourriture qu'elle consomme.

Dans ce canton, j'ai vu des produits provenant de vaches ayant du breton, du normand et du suisse, avec le taureau pur breton, qui présentaient une belle conformation, avaient les os fins et des marques laitières.

Étant bien constaté que l'espèce bovine du pays a grandement besoin d'être améliorée, je crois qu'il conviendrait d'employer les moyens suivants pour obtenir de bons résultats :

1° Augmenter la culture des plantes fourragères;

2° Accorder des primes pour faire castrer les taureaux bâtards qui sont dans le canton;

3° Des récompenses aux agriculteurs qui auraient de bonnes vaches de pure race bretonne;

4° Primer seulement les taureaux de pure race bretonne;

5° Enfin, primer quelques produits des métis du canton avec le taureau pur breton du Morbihan.

Espèce Porcine.

L'espèce porcine est négligée de la part des cultivateurs du canton de Bain : il n'y a qu'un petit nombre de truies portières; cependant cet animal pourrait leur procurer des bénéfices.

Malgré les prix annoncés par le programme du Comice, il ne s'est présenté aucun sujet pour les obtenir.

Est-ce parce que les fermiers n'ont que la race bretonne? S'ils reconnaissent qu'elle n'est pas bonne, c'est à eux à la changer ou à chercher à l'améliorer en la croisant avec la race anglaise, qui est chez M. de Jourdan.

Ce que j'ai dit au sujet de l'espèce porcine pour l'arrondissement de Rennes s'applique également au canton de Bain.

Espèce Ovine.

L'espèce ovine ne figurait pas dans les concours du canton ; il y a cependant un certain nombre de ces animaux sur les landes et les terrains communaux. C'est encore un animal qui n'est pas assez répandu et n'est pas l'objet de soins assez minutieux de la part des cultivateurs de Bain.

Tous les fermiers devraient avoir plusieurs moutons : s'ils n'ont pas de quoi nourrir convenablement l'espèce bovine, il leur est facile de bien entretenir l'espèce ovine; ne pas s'en occuper davantage, c'est méconnaître ses propres intérêts. (*Voyez arrondissement de **Rennes**,* espèce ovine.)

CANTON DE FOUGERAY.

Les communes de Fougeray et de Saint-Sulpice-des-Landes composent ce canton.

Le Comice agricole du canton de Fougeray est celui du département qui offre les concours les moins nombreux et les moins importants; les cultivateurs ont encore beaucoup à faire pour réaliser les améliorations les plus urgentes.

Les Comices doivent être considérés comme ayant pour but toutes les améliorations agricoles ; toutes les classes de la société sont intéressées aux succès de ces institutions, mais on peut placer en première ligne les plus grands propriétaires.

Dans plusieurs cantons du département, la plupart des propriétaires font partie d'un ou de plusieurs Comices; ils concourent au développement de ces institutions, tant par les bons exemples et les sages conseils qu'ils donnent que par les sommes d'argent qu'ils mettent à leur disposition pour augmenter leur influence et leur action; mais il est malheureusement encore quelques propriétaires qui méconnaissent les avantages qu'un Comice bien organisé peut présenter et qui s'abstiennent d'en faire partie.

Les Comices agricoles ne doivent en rien ressembler à des réunions politiques : c'est un terrain neutre sur lequel sont conviés tous les hommes de bien qui aiment sincèrement leur pays.

A l'avenir, espérons que par son zèle et son dévouement M. Marion, membre du Conseil Général du canton de Fougeray, réussira à aplanir toutes les difficultés, et que ce canton, à l'exemple de tous les autres, aura un Comice agricole nombreux et bien organisé, afin de pouvoir marcher résolument dans la voie du progrès.

Espèce Chevaline.

En 1854, pendant que la Commission hippique était à Fougeray, on envoya chercher trois juments appartenant à des cultivateurs situés près du bourg ; elles étaient belles, mais elles ne réunissaient pas les conditions du programme.

En 1855, il fut présenté un étalon, quatre juments suitées et huit pouliches de dix-huit mois.

Nous avons des preuves que les cultivateurs du canton s'occupent un peu de la production chevaline, mais nous n'avons pas vu un assez grand nombre de juments et de poulains pour pouvoir engager à faire choix de tel étalon plutôt que de tel autre.

Espèce Bovine.

Quoique l'espèce bovine ne concerne en rien les opérations de la Commission hippique, il est à remarquer que dans tous les cantons on a l'habitude de réunir, le même jour et sur le même terrain, des échantillons des diverses espèces animales qui intéressent les cultivateurs du canton.

Je n'ai pas encore pu voir une exhibition de bétail au Grand-Fougeray.

Espèce Porcine.

En parcourant le pays, j'ai vu quelques cochons qui couraient comme de véritables sangliers; je suis porté à croire qu'ils représentaient la race du canton, mais il n'y en avait pas à Fougeray le jour de la réunion de la Commission.

Espèce Ovine.

Il y a un certain nombre de moutons sur les landes; ils ressemblent à la petite race du canton de Bain.

CANTON DE GUICHEN.

Ce canton comprend les communes de Baulon, Bourg-des-Comptes, Goven, Guichen, Guignen, Laillé, Lassy et Saint-Senoux.

Le Comice du canton de Guichen est un des plus anciens du département; il a toujours cherché à répandre les instruments perfectionnés, et c'est pour démontrer leur supériorité sur les autres qu'il accorde une grande importance au concours de labourage. Dans presque toutes les fermes du canton de Guichen il y a des laboureurs habiles, et dans un grand nombre on rencontre la charrue Dombasle et autres instruments perfectionnés.

Le canton de Guichen est encore pauvre sous le rapport du bétail qu'il présente, et par conséquent sous celui de la culture des plantes fourragères.

Espèce Chevaline.

La plupart des cultivateurs du canton emploient des bœufs, soit seuls ou attelés avec des juments, ou des chevaux entiers, pour faire les travaux de leurs exploitations.

Il y a un certain nombre de juments employées pour la reproduction, mais ce canton a toujours été privé d'étalons. Lorsqu'il y avait une station à Rennes, une partie des juments du canton de Guichen y étaient conduites à la saillie; mais depuis ils n'ont plus que les étalons qui sont à Redon.

Au deux derniers concours du Comice agricole du canton de Guichen, il y avait des juments poulinières dont quelques-unes appartenaient à la race bretonne; elles étaient bien établies, avaient du coffre et la taille de 1 mètre 48 à 1 mètre 50 et quelques centimètres. Dans ce canton, il y a une race chevaline qui est plus répandue que la précédente, et qu'on reconnaît aux caractères suivants : à la taille de 1 mètre 30 et quelques centimètres, à la tête qui est petite et sèche : elle a l'œil gros, vif et à fleur de tête, l'oreille petite, mince et bien placée, son encolure est grêle et parfois droite, d'autrefois renversée; elle a le poitrail étroit, le dos droit et saillant, la côte plate, les reins courts et convexes, la croupe courte, étroite et un peu avalée, les hanches saillantes, le ventre petit, les épaules sèches, longues et obliques, les avant-bras et les cuisses sont minces et peu musculeux; elle a toujours les membres fins, secs et dépourvus de poils, mais les jarrets sont souvent rapprochés.

Cette race a les pieds petits et secs; elle n'occasionne jamais de grandes dépenses pour sa ferrure, parce qu'il y a un grand nombre de cultivateurs qui les ferrent eux-mêmes.

Cette petite race est excellente pour le travail; avec très-peu de nourriture elle résiste bien à la fatigue. Ce sont ces petits chevaux qui apportent deux fois par semaine du bois, de la paille ou du foin sur la place Tronjolly de Rennes, et que l'on désigne généralement sous le nom de *Guichenats*.

Dans la plupart des fermes du canton de Guichen, le cheval de petite taille convient mieux que celui qui est plus grand et plus fort, parce qu'il exige bien moins de nourriture, qu'il peut faire de bons repas en peu de temps sur les landes, et pour la raison qu'avec la nourriture et les habitudes de la contrée il rend plus de services qu'aucun autre.

Au concours de 1854, il y avait quinze juments, dont dix étaient suitées de poulains de l'année; mais elles avaient été saillies par des étalons non autorisés.

Au concours de 1855, on comptait sept juments suitées de poulains de l'année, provenant d'étalons non autorisés, et il y avait deux étalons, dont un a été autorisé.

Pour améliorer l'espèce chevaline du canton de Guichen, il conviendrait d'avoir un petit étalon de race bretonne pour les juments les plus fortes et appartenant à cette race; pour les petites juments des landes, on devrait avoir recours au cheval arabe, ou bien au petit cheval de la race de Corlay.

Espèce Bovine.

Les cultivateurs du canton du Guichen paraissent tenir à leurs bœufs; ils sont généralement en assez bon état. Mais les vaches et les génisses sont comme abandonnées et annoncent beaucoup de misère, ou mieux une grande disette d'aliments. On accorde généralement la préférence aux bœufs de races nantaise et cholette, parce qu'ils sont forts et très-bons pour le travail; mais de ce que le bœuf convenablement nourri à l'étable convient bien pour le travail de la terre, on ne doit pas en conclure que les grandes vaches de la même race, ou appartenant à d'autres catégories analogues, puissent prospérer dans le pays, surtout si on les oblige à aller chercher leur nourriture sur les landes.

Pour les cultivateurs, il n'y a d'avantages réels à avoir des animaux qu'autant que ceux-ci paient largement par leurs produits la nourriture et les soins qu'on leur donne. Ils ont de bons bœufs dans le canton de Guichen, il faut le reconnaître; mais les vaches sont bien maigres. Je suis porté à croire que si les cultivateurs de cette contrée avaient des bœufs qui mangeassent moins, ils pourraient mieux nourrir leurs vaches, qui leur rendraient davantage.

D'un autre côté, il faut ajouter qu'avec l'habitude qu'ils ont de toujours retirer de la terre sans jamais lui restituer en proportion, il n'est pas étonnant que la terre soit maigre, et qu'elle ne produise qu'en petite quantité les plantes qui sont nécessaires pour entretenir convenablement le bétail. Tout le monde reconnaît qu'un agriculteur doit chercher à vendre le plus possible de produits de sa terre ou de ses animaux; mais s'il vend toute sa paille de céréales et un peu de foin, tandis que ses animaux sont exposés à ne rien avoir à manger à l'étable et à chercher leur vie sur les maigres pâturages des landes privées ou des terrains communaux, il est certain que cette spéculation sera blâmable.

Le Guichenat a l'habitude de vendre sa paille de seigle, une grande partie de celle de froment et un peu de foin, quoiqu'il manque de prairies : comment peut-il faire du fumier et bien nourrir ses animaux?

Le cultivateur du canton de Guichen, non content de vendre le peu de paille et de foin qu'il récolte, veut encore avoir de grands bestiaux, attendu qu'il désire vendre des vaches de 200 à 300 fr. en place de celles de 100 à 150 fr.

Voilà pourquoi il y avait aux deux derniers concours des bêtes appartenant aux variétés suivantes :

1° Des animaux de races bretonne et normande;

2° Des croisements ayant du breton, du normand et du suisse;

3° De la race du pays croisée avec la jerseyaise;

4° Enfin, le croisement durham y était également représenté.

Tndis que toutes ces grandes bêtes étrangères étaient au nombre de quinze taureaux, trois génisses et trois vaches, il n'y avait qu'un échantillon bien faible de la race pure bretonne.

Pour améliorer l'espèce bovine du pays, il n'y a pas de choix à faire; il faut faire plus de fourrages, réformer tous les animaux à grandes charpentes, et introduire dans toutes les exploitations la pure race du Morbihan.

Espèce Porcine.

Dans le canton de Guichen, il y a quelques cultivateurs qui s'occupent de la production de l'espèce porcine; mais il y en a un plus grand nombre à ne pas le faire.

Au dernier concours, une seule truie de la race bretonne représentait l'espèce du pays.

Aux agriculteurs de ce canton comme à ceux de l'arrondissement de Rennes, on peut leur reprocher de ne pas profiter des avantages qu'ils pourraient obtenir en ayant plusieurs truies portières à leur disposition *(Voyez arrondissement de Rennes.)*

Espèce Ovine.

L'espèce ovine n'était pas représentée au concours de Guichen; il y a cependant quelques petits moutons sur les landes de la contrée. On en voit quelques-uns, qui sont forts et ont une abondante toison, dans les fermes les mieux cultivées; enfin M. Porée, agriculteur distingué du canton de Guichen, a eu un prix au dernier concours régional de Rennes pour un lot de moutons.

Les agriculteurs du canton de Guichen devraient tous avoir des moutons, parce qu'ils ont une certaine étendue de terrain sur lequel les espèces chevaline et bovine ne trouvent pas suffisamment de nourriture pour vivre, et où l'espèce ovine pourrait facilement s'entretenir *(Voyez arrondissement de Rennes,* espèce ovine.)

CANTON DU SEL.

Les communes de ce canton sont : Chanteloup, La Bosse, La Couyère, Lalleu, Le Sel, Saulnières et Tresbœuf.

Le Comice agricole du canton du Sel n'a été bien organisé qu'en 1855; il a eu pour son premier concours une réunion nombreuse de bons laboureurs, d'où ressortira nécessairement la propagation des charrues perfectionnées.

Dans ce canton, de même que dans tous les autres de l'arrondissement de Redon, il y a encore beaucoup à faire avant d'avoir défriché toutes les landes et rendu le sol fertile : celui-là, de même que les autres, ne cultive pas assez de fourrages; ses ressources alimentaires sont insuffisantes; malgré cela il a l'amour des grandes vaches.

Espèce Chevaline.

Il y a dans le canton du Sel des juments de la même taille et de la même conformation que dans celui de Janzé, dont il est voisin; quelques-unes sont livrées à la reproduction, et il y en a un certain nombre qui sont stériles par manque d'étalons.

Quelques cultivateurs font comme dans l'arrondissement de Rennes : ils achètent des poulains bretons, ou bien de

La Guerche, à l'âge de six ou dix-huit mois, pour les élever jusqu'à l'âge de quatre à cinq ans.

La plupart des cultivateurs ont l'habitude de faire leurs labours avec des attelages composés de bœufs et de chevaux : c'est ce qui fait qu'il est assez rare de voir des chevaux en bon état, parce qu'en les attelant de la sorte ils les fatiguent trop proportionnellement à la quantité de nourriture qu'ils leur donnent. J'ai précédemment exposé les inconvénients des attelages composés de bœufs et de chevaux, et fait ressortir les avantages résultant des attelages de bœufs seuls pour les travaux des exploitations rurales.

Au concours du Sel, il y avait cinq juments suitées de poulains de l'année; mais elles n'étaient pas dans les conditions du programme de la Commission hippique, parce qu'elles avaient été saillies par des étalons non autorisés : il y avait en outre huit poulains ou pouliches de dix-huit mois. Les cultivateurs du canton du Sel n'ont plus qu'un pas à faire pour labourer avec des bœufs, à l'exclusion des juments et des chevaux; s'ils prennent cette détermination, ils y gagneront sous plusieurs rapports. D'abord, ils préviendront la ruine en pure perte de leurs chevaux et de leurs juments; ensuite, il leur sera plus facile de produire et d'élever de beaux poulains, et au lieu d'être obligés d'avoir recours à l'étalon de race bretonne, afin d'avoir à élever un animal en travaillant au collier, ils pourront prendre l'étalon arabe qui est dans le canton de Bain; il leur donnera des poulains qui, avec la nourriture ordinaire du pays, seront toujours plus en état que les gros bretons.

Si les cultivateurs tiennent à ne pas modifier leur système d'attelage, ils feront bien d'avoir un étalon breton, parce que la plupart des produits arabes tourneraient mal, surtout s'ils étaient conduits, devant des bœufs, par des charretiers manquant de douceur et d'adresse.

Ce canton n'a pas d'étalons; le plus rapproché est le cheval arabe de M. de Jourdan, qui est de moyenne taille et doublé comme un breton. Autrement c'est à La Guerche ou à Redon que les cultivateurs sont obligés de conduire leurs juments pour les faire saillir.

Espèce Bovine.

L'espèce bovine qui était au concours du Sel appartenait à plusieurs races diverses et est de taille élevée. Ici encore les cultivateurs, pour faire choix des animaux de cette espèce, n'ont pas pris en considération les ressources alimentaires de leurs magasins, et ils ont trop compté sur la végétation des landes.

Tandis que la petite race bretonne est si estimée de tous les amateurs, que tout le monde lui reconnaît de grandes qualités, pourquoi faut-il que les cultivateurs du canton du Sel, qui sont souvent réduits à acheter de mauvais foin pour empêcher leurs vaches de mourir de faim vers la fin de l'hiver, pourquoi, dis-je, dédaignent-ils la race bretonne? Les bons pâturages sont assez rares dans ce canton; la culture du trêfle, des choux, des racines et autres plantes fourragères est bien limitée. Eh bien! là où le mouton peut à peine trouver de quoi vivre, la vache bretonne peut y pâturer.

Dans tous les pays où l'agriculture est aussi arriérée que dans le canton du Sel, de grandes vaches sont la ruine du fermier, tandis que des petites lui donnent des bénéfices et l'aident à payer sa ferme.

Les bêtes bovines qui étaient au concours du Sel pourraient être classées dans les catégories suivantes :

1° De race bretonne croisée normande, comme dans l'arrondissement de Rennes, les unes avec prédominance de breton et les autres ayant plus de caractères de la race normande;

2° De race bretonne-normande croisée nantaise, chez lesquelles ce dernier sang dominait.

Toutes ces bêtes étaient généralement de grande taille, de robe alezan, avec plus ou moins de blanc, n'étaient pas laitières, avaient le cuir épais, dur et adhérent, les hanches saillantes, la croupe pointue, le milieu de la croupe disposé en relevant, depuis sa partie antérieure jusqu'à l'attache de la queue, qui est plus haute; elles ont le garrot, le dos et les reins étroits, les os de bonne grosseur, les cornes blanches et solides.

En résumé, l'espèce bovine du canton du Sel a une conformation très-défectueuse; elle ne convient pas pour la boucherie, elle n'est pas laitière et elle est incompatible au pays, qui ne produit pas assez de nourriture pour l'entretenir en bon état.

Pour améliorer l'espèce bovine de ce canton, il serait à désirer qu'on eût recours au taureau de pure race bretonne; et si les agriculteurs comprenaient bien leurs intérêts, ils vendraient toutes leurs grandes vaches qui ne leur rapportent rien, et les remplaceraient par des petites de race bretonne.

Espèce Porcine.

L'espèce porcine se rencontre dans toutes les fermes du canton du Sel, néanmoins il ne peut pas être considéré comme en produisant suffisamment. Les cultivateurs devraient avoir des truies portières, afin d'augmenter le revenu de leurs exploitations. *(Voyez à ce sujet l'arrondissement de Rennes.)*

Espèce Ovine.

Les cultivateurs du canton ont bien quelques moutons, mais le nombre en est trop restreint; ils sont tous à même de pouvoir en nourrir une plus grande quantité et ne doivent pas dédaigner ce précieux animal. *(Voyez les avantages qu'il présente, arrondissement de Rennes.)*

CANTON DE MAURE.

Les communes qui composent ce canton sont celles de Campel, Comblessac, la Chapelle-Bouexic, les Brûlais, Loutehel, Maure, Mernel et Saint-Seglin.

Le canton de Maure a un Comice agricole dont font partie la plupart des propriétaires et grand nombre d'agriculteurs du pays.

Au dernier concours de ce Comice, de même que dans quelques autres bien organisés, les propriétaires-cultivateurs concouraient avec les fermiers pour la culture des plantes fourragères et pour les prix à décerner aux plus beaux animaux; mais plusieurs propriétaires, ayant été reconnus devoir obtenir des récompenses, en ont fait l'abandon afin que les prix fussent distribués aux fermiers.

Dans tous les Comices où les propriétaires riches agiront de la sorte, ils sont assurés d'obtenir de bons résultats, parce qu'alors les petits fermiers ne craindront plus les concours où ils n'auront à lutter qu'entre eux; ils y viendront, seront souscripteurs, profiteront des bons exemples, et feront des efforts pour obtenir les améliorations qui devront être primées dans les concours.

Aux propriétaires l'honneur, à leurs domestiques et à leurs fermiers les quelques pièces de 5 fr. et les instruments qui sont donnés à titre d'encouragement.

Espèce Chevaline.

Dans le plus grand nombre de fermes, les travaux agricoles sont faits par des bœufs; plusieurs cultivateurs ont des juments qu'ils font pouliner, et qu'ils emploient pour des voyages ou pour des travaux peu fatigants.

Aux deux derniers concours du Comice de Maure, il y avait des juments dont les unes appartenaient à la race bretonne, et d'autres caractérisaient la race du pays.

Les juments de race bretonne avaient la taille de 1 mètre 46 centimètres ; elles étaient bien conformées et suitées de bons poulains de l'année.

Les juments poulinières de la race du pays pouvaient avoir la taille de 1 mètre 36 centimètres, étaient moins grosses que les autres et avaient également de bons poulains.

Il est à remarquer que dans ce canton l'espèce chevaline était en meilleur état que dans d'autres contrées ayant cependant une plus grande quantité de nourriture.

Si on veut obtenir de bons produits d'une jument, on ne doit jamais en abuser pour le travail, et il faut toujours lui donner une nourriture convenable pour elle et son poulain.

Au concours de 1854, il y avait douze juments.

En 1855, il y avait au concours de Maure six juments suitées et cinq poulains de dix-huit mois.

Ce canton n'a pas d'étalon autorisé; cela est regrettable, parce que les propriétaires qui veulent livrer leurs juments à la reproduction sont obligés de les envoyer à Redon où se trouve la station la plus rapprochée, et qui est encore à une assez grande distance.

Puisque les cultivateurs de ce canton emploient ordinairement des bœufs pour les grands travaux de leurs exploitations, ils pourraient avoir recours à l'étalon de race arabe pour faire saillir leurs juments. On ne doit pas tant chercher à produire de grands chevaux ; il est à remarquer que dans toutes les foires un petit cheval se vend proportionnellement plus cher qu'un grand. Les cultivateurs du canton de Maure sont intéressés à élever le cheval de taille moyenne, parce que là où celui-là trouvera de quoi vivre le grand cheval mourra de faim.

Outre le cheval arabe et celui de Corlay, il faudrait un bon breton de taille moyenne pour les fortes juments du pays, qui se rencontrent principalement chez ceux qui emploient l'espèce chevaline pour labourer.

Espèce Bovine.

C'est dans le canton de Maure où on rencontre le plus grand nombre d'attelages de bœufs, c'est là aussi où on voit les plus grands et les plus forts du département.

Il y en a qui sont de race nantaise, d'autres sont de race choletaise, et quelques-uns viennent de la Vendée.

C'est à ne pas y croire! Dans un pays de landes comme le canton de Maure, tous les bœufs sont généralement en chair et bien plus en état que dans plusieurs cantons où l'agriculture est plus prospère.

Il est vrai de dire aussi que les cultivateurs du canton de Maure soignent bien les bœufs qu'ils ont; il faut reconnaître même que du bien qu'ils font aux bœufs il en résulte ordinairement des inconvénients pour les vaches et les autres animaux, car le meilleur foin, la meilleure verdure, la meilleure pâture, un peu de son, du grain même, pour les bœufs d'abord; les autres animaux peuvent s'en passer.

Non-seulement le fermier prodigue de grands soins aux bœufs, parce que chaque paire lui représente une valeur de 8 à 900 fr., 1,000 fr. même, mais aussi parce qu'il les affectionne plus que les autres animaux.

Depuis quelques années, la culture des choux a pris une grande extension dans les cantons de Maure, Pipriac et Redon; il ne faudrait pas être surpris que le désir de bien nourrir les bœufs en soit la principale cause.

Parmi les animaux d'espèce bovine employés à la reproduction, le canton de Maure en présente plusieurs variétés :

1° La pure race bretonne du Morbihan.

2° Des bêtes provenant de croisement breton et vendéen : elles sont généralement minces de corps, ont la peau épaisse, sèche et collée aux os; elles sont de robe variable, avec le mufle noir souvent bordé de gris; elles ont les cornes courtes, fines et noirâtres : il n'y en a pas une de bien marquée pour le lait.

3° Il y a des bêtes ayant du breton et du normand, avec prédominance de sang breton chez les unes et prédominance de sang normand chez les autres ; ces dernières sont plus minces, plus maigres, et ordinairement de robe brangée, les marques laitières de ces deux dernières variétés sont souvent bonnes ;

4° Les produits du croisement des sous-races précédentes avec la race nantaise ont les membres plus gros que ceux qui ont du vendéen, présentent la même conformation, la peau un peu plus épaisse, et ils ont ordinairement le mufle rose et les cornes jaunâtres ou blanchâtres. Les mâles et les femelles de cette catégorie ne présentent pas de marques laitières. Au dernier concours de Maure, il y avait vingt-trois génisses et six taureaux.

Le meilleur moyen d'améliorer l'espèce bovine du canton de Maure, c'est d'avoir recours au taureau de pure race bretonne, à l'exclusion de tous ceux provenant des croisements que je viens d'énumérer.

Espèce Porcine.

Il y a un bon nombre de cultivateurs du canton qui s'occupent de la production de l'espèce porcine ; mais il est à remarquer que la race du pays est trop mince de corps, a le bas des membres trop gros et se développe très-lentement.

L'espèce était représentée au dernier concours par deux verrats de la race du pays. (*Voyez arrondissement de Rennes.*)

Espèce Ovine.

L'espèce ovine, que l'on peut considérer comme pouvant être d'une grande utilité et d'un bon rapport dans le canton de Maure, n'était pas représentée au dernier concours.

Au sujet de l'espèce ovine, je ne puis qu'encourager tous les cultivateurs du canton à augmenter le nombre de brebis qu'ils ont. *(Voyez arrondissement de Rennes.)*

CANTON DE PIPRIAC.

Les communes qui forment ce canton sont celles de Bruc, Guipry, Lieuron, Lohéac, Pipriac, Saint-Ganton, Saint-Just, Saint-Malo-de-Phily et Sixt.

Le Comice du canton de Pipriac est bien organisé; tous les propriétaires de la contrée qui veulent le bien de leur pays en font partie. Il est à remarquer qu'il s'occupe de l'amélioration des espèces ovine, porcine et bovine, tout aussi bien que de celle de l'espèce chevaline. En encourageant la culture des plantes fourragères et celle des bons labourages, il a déjà obtenu de meilleurs résultats; car au dernier concours on constatait de grandes améliorations, et sur vingt laboureurs, le jury en signalait seize comme ayant également atteint le plus haut degré de perfection.

Ici comme dans le canton de Maure, les bœufs sont beaux et l'objet de soins minutieux; les agriculteurs disent : Soignons la paire de bœufs tout d'abord, les autres animaux après.

Le canton de Pipriac présente encore une grande étendue de landes; mais, à l'exemple de quelques bons propriétaires, les cultivateurs profitent du voisinage du port de Guipry pour faire venir de la chaux de Châlonnes, et dans peu d'années on doit s'attendre à voir en culture toutes les terres susceptibles d'être labourées.

Espèce Chevaline.

Dans le canton de Pipriac, il y a un certain nombre de juments poulinières, mais il n'y a pas d'étalons. Les cultivateurs qui veulent faire saillir leurs juments sont obligés de les conduire à Redon, qui est situé à une grande distance de leurs exploitations.

La station d'étalons étant placée à Redon, à l'extrémité de notre département, sert plus pour les cultivateurs de la Loire-Inférieure que pour ceux d'Ille-et-Vilaine; dans l'intérêt de la production chevaline de l'arrondissement de Redon, il serait à désirer que la station d'étalons fût placée à Pipriac ou à Lohéac. (Les cantons de Bain, Guichen, Maure, Pipriac, et même une partie de celui de Redon, se trouveraient bien plus à proximité.)

Au concours de 1854, il y avait à Pipriac treize juments suitées; une seule réunissait toutes les conditions du programme de la Commission hippique.

L'espèce chevaline était représentée au concours de 1855 par six juments suitées de poulains de l'année, et vingt-cinq poulains et pouliches de dix-huit mois; les deux juments qui ont été primées pour avoir donné les plus beaux poulains avaient été saillies par *Édouard*, étalon de pur-sang.

On rencontre dans le canton de Pipriac deux catégories de juments : les unes sont de race bretonne et ont été seulement élevées dans le pays; elles ont la taille de 1 mètre 40 à 1 mètre 44 centimètres, ont un beau coffre, mais plusieurs ont les jarrets rapprochés et marchent l'amble.

Il y en a d'autres qui ont moins de taille que les précédentes, qui sont plus légères et marchent également l'amble : ce sont celles de la race du pays.

J'ai remarqué que les juments et les poulains présentés aux deux concours étaient généralement en bon état; les poulains avaient tous une belle conformation, mais plusieurs marchaient l'amble dès l'âge de six et dix-huit mois, comme leur mère.

Je crois devoir appeler l'attention des éleveurs sur une remarque que j'ai faite au concours de Pipriac d'abord, et dans d'autres cantons plus tard : c'est que les poulains provenant de pur-sang avec la jument qui marche l'amble ont une allure régulière, tandis que les poulains issus des étalons de demi-sang et de ceux du pays marchent tous l'amble, comme leur mère.

Toutes les fois qu'on met un cheval dans la pâture, on a l'habitude de l'entraver, en lui attachant ensemble les deux membres du même côté; voilà comment les chevaux contractent l'allure de l'amble, et par la génération les juments et les étalons transmettent la même défectuosité à leurs descendants.

Les cultivateurs qui voudront élever des chevaux pour le luxe et pour l'armée feront bien de ne pas entraver les poulains de la même manière, ou bien ils seront exposés à les déprécier, parce que les chevaux qui marchent l'amble sont moins estimés que ceux qui ont des allures bien régulières.

Dans le canton de Pipriac, le cheval de demi-sang a donné de forts poulains bien conformés; le cheval de pur sang a également bien produit. Quels sont les étalons auxquels il faut accorder la préférence?

Si les cultivateurs veulent renoncer complètement à atteler leurs poulains avec des bœufs, ils feront bien de faire saillir leurs juments par des petits étalons de pur sang ou par des chevaux arabes; ils seront assurés d'obtenir de bons résultats, parce que les produits qui en sortiront exigeront moins de nourriture et seront plus en rapport avec les ressources du pays.

Quoique les poulains âgés de six mois et provenant de l'étalon demi-sang soient bien conformés, eu égard à ce qu'ils marchent l'amble et au peu de nourriture dont disposent les cultivateurs du pays, il est à craindre qu'à l'âge de dix-huit mois et deux ans ils ne répondent pas aux espérances des producteurs.

Un bon étalon de petite taille, de la race de Corlay, serait peut-être celui qui conviendrait le mieux pour le pays.

Espèce Bovine.

Le canton de Pipriac présente de beaux bœufs, qui sont en bon état et rendent de grands services; les cultivateurs les achètent à l'âge de trois à quatre ans, soit aux foires de Redon ou à celles de la Loire-Inférieure; il y en a qui sont de race nantaise, d'autres sont des cholais, et il en vient un certain nombre de la Vendée.

Des bœufs de cette race, et d'un si grand prix dans un canton qui présente si peu de bons pâturages, doivent être considérés comme des animaux de luxe, qui absorbent les meilleurs aliments au détriment des autres bêtes de l'exploitation.

Au dernier concours de Pipriac, il y avait douze taureaux et trente-quatre génisses.

Il faut croire que les agriculteurs de ce canton sont à la recherche de la race bovine qui peut le mieux convenir au pays, car ils ont fait de nombreux croisements et mélanges de races pour arriver au point où ils en sont, et qui se résument à l'abâtardissement complet de toutes les bêtes d'espèce bovine qui sont dans le pays.

Je suis porté à croire que la race bovine du canton était autrefois la petite bretonne, car on en rencontre encore quelques sujets, mais elle a été croisée, savoir :

1° Avec la race normande de petite taille, dégénérée et venant de Fougères ;

2° On a croisé la bretonne-normande avec la race nantaise ;

3° La bretonne-normande-nantaise a été croisée avec la vendéenne ;

4° La bretonne-normande-nantaise-vendéenne a été croisée avec la race suisse ;

5° Il y a maintenant un croisement de toutes les variétés du pays avec une sous-race de Jersey ;

6° Enfin, la race d'Ayr y était représentée par un sujet croisé breton. Énumérer toutes les variétés provenant de ces diverses alliances, n'est-ce pas démontrer le degré d'abâtardissement et de dégénération de l'espèce bovine du canton !

Les vaches ont généralement une mauvaise conformation, sont toujours maigres, coûtent beaucoup à nourrir et ne sont pas bonnes laitières.

M. le comte de Guichen, président du Comice, reconnaissant les inconvénients que présentent les vaches de la contrée, de manger beaucoup sans donner du lait et de pouvoir s'engraisser, vient de donner un bon exemple en vendant les vaches bâtardes qu'il avait et en les remplaçant par des bêtes moins grandes et de pure race bretonne.

Pour améliorer l'espèce bovine du canton de Pipriac, il faudra beaucoup de temps; mais avec un taureau de pure race bretonne du Morbihan on est certain d'y arriver.

Des primes aux cultivateurs qui présenteraient de bons taureaux de pure race bretonne, et quelques récompenses pour faire castrer les taureaux impurs de l'espèce du pays, sont des moyens auxquels le Comice pourrait avoir recours pour obtenir de plus promptes améliorations.

Espèce Porcine.

Les cultivateurs du canton de Pipriac s'occupent beaucoup de la production de l'espèce porcine ; mais il faut convenir qu'ils possèdent une race bien défectueuse dont on peut se faire une idée en se représentant quatre colonnes solides en supportant une cinquième qui n'est guère plus grosse que les quatre autres réunies. L'espèce porcine de la contrée est bien certainement une des plus grandes, des moins précoces et des plus légères que l'on connaisse.

Pour améliorer l'espèce porcine du pays, ce n'est pas aussi facile qu'on pourrait le croire au premier abord.

En croisant la race du canton de Pipriac avec la race anglaise new-leicester, il est certain qu'on aurait des produits plus précoces, plus gros, qui seraient moins osseux et s'engraisseraient plus facilement ; mais comment faire pour qu'un verrat de 30 centimètres de taille puisse saillir une truie qui a bien près de 90 centimètres de hauteur lorsqu'elle repose sur le sol par ses quatre extrémités?

Dans le craonnais, on est bien parvenu à faire saillir la truie craonnaise par le petit verrat anglais; mais la taille de la truie du canton de Pripriac étant plus élevée, les difficultés sont plus grandes.

Il n'est pas vrai de dire qu'une semblable opération soit impossible; mais, eu égard aux difficultés qu'elle présente dans son exécution, il est à craindre qu'elle ne se généralise pas assez pour pouvoir modifier toute la race porcine du canton.

A part cette objection, il y a un obstacle bien plus grand encore, et qui s'opposera pendant longtemps à ce que ce croisement puisse s'opérer sur une large échelle : c'est que les cultivateurs du canton de Pripriac ont *horreur* du cochon anglais; ils ne veulent pas entendre parler du *porc à courtes jambes*.

S'il était possible de vaincre le dédain, la répugnance que les cultivateurs du canton ont pour la race new-leicester, ce qu'il y aurait de mieux à faire, ce serait de propager cette race pure.

Si le Comice du canton avait à sa disposition un certain nombre de porcelets de race anglaise, il pourrait les donner aux cultivateurs les plus intelligents du canton, et peut-être par ce moyen viendrait-il à bout de propager cette précieuse race, et de faire essayer de son croisement avec celle du pays.

La race craonnaise vaudrait bien mieux que celle du canton. Il serait bien facile de se la procurer. Les cultivateurs ne demanderaient pas mieux que de faire saillir leurs truies par un verrat craonnais; mais, avec la quantité de nourriture ordinaire du pays, les améliorations résultant de ce croisement ne seraient pas suffisantes.

C'est à l'un ou à l'autre de ces trois moyens que le Comice peut avoir recours.

Au dernier concours du Comice, il y avait trois verrats du pays.

Espèce Ovine.

L'espèce ovine est nombreuse dans le canton de Pipriac; tous les cultivateurs en ont quelques têtes.

Au dernier concours de Pipriac, il y avait plusieurs béliers pour l'obtention de deux prix que le Comice accorde aux plus remarquables.

On rencontre dans le pays deux races de moutons, dont une est petite et cherche sa nourriture sur les landes communales; l'autre est plus grande, plus forte et pourvue d'une belle toison tantôt blanche, tantôt noire, et se trouve dans les meilleures fermes du canton.

Parmi les béliers qui étaient au concours, il y en avait un provenant de la race mérinos croisée avec celle du pays; il avait la laine blanche, plus ondulée et plus fine que ceux de la pure race du pays, mais il n'avait pas autant de corpulence.

Les cultivateurs de la contrée m'ont dit avoir remarqué que la race mérinos, pure ou croisée avec celle du pays, n'était pas assez rustique pour vivre convenablement dans le canton.

Les cultivateurs estiment davantage les moutons à laine noire que ceux à laine blanche, et la raison qu'ils donnent me paraît assez plausible. Lorsqu'ils veulent employer la laine blanche, ils sont obligés de la faire teindre en noir, tandis que la laine noire que donnent les moutons de cette couleur n'a pas besoin d'être teinte artificiellement. La grande race ovine du pays est bien conformée, elle est très-rustique et fournit une bonne et abondante toison. Ce qu'il y a de mieux à faire, c'est d'encourager sa multiplication et son amélioration par elle-même.

CANTON DE REDON.

Dans ce canton sont les communes de Bains, Brain, Langon, Redon et Renac.

Dans le canton de Redon il y a un Comice bien organisé, auquel prennent part tous les propriétaires riches qui ont le désir de soulager les classes laborieuses.

Les cultivateurs du canton de Redon sont de bons travailleurs. Ils sont toujours très-nombreux aux concours du Comice, parce qu'ils sont désireux de recevoir de bons avis et de puiser des enseignements en voyant les produits qui y sont exposés; mais ils ont encore beaucoup à faire pour atteindre le but qu'ils se proposent.

Le Comice agricole du canton de Redon excite le zèle des agriculteurs pour toutes les branches de l'industrie rurale qui peuvent concourir à augmenter le bien-être et la prospérité du pays.

C'est à l'influence du Comice qu'on doit attribuer les nombreux essais qui sont faits dans la culture du trèfle, et la substitution du froment au seigle. Ce canton peut être considéré comme étant celui du département dont la culture des choux, comme fourrage, occupe la plus grande étendue de terrain.

Espèce Chevaline.

Au concours de 1854 il y avait trente-cinq juments, dont six étaient suitées de poulains de l'année provenant des étalons de l'administration; les autres avaient été saillies par des étalons non autorisés ou n'étaient pas suivies de poulains.

Parmi les six juments suitées, quatre furent primées comme ayant donné de bons produits; elles avaient été saillies par *Edouard*, étalon de pur sang, les deux autres l'avaient été par *Image* et par *Keppler*.

Au concours de 1855, l'espèce chevaline était représentée par vingt-huit bêtes, dont douze juments et seize poulains et pouliches de dix-huit mois; deux juments suitées de poulains par *Edouard*, ont également été primées.

Dans les deux concours il y avait quelques juments de la race de lande, comme dans le Morbihan, un peu plus grosses qne dans les autres cantons du même arrondissement; il y avait en outre des juments de race bretonne élevées dans le pays, qui avaient la taille de 1 mètre 40 à 1 mètre 44 centimètres, elles étaient plus grandes et plus fortes que les premières.

Au concours de 1854, il y avait quelques poulains de dix-huit mois provenant des juments du pays avec le cheval arabe; ils étaient en bon état et bien conformés, tandis que ceux du même âge provenant des étalons demi-sang ou de bretons trop forts étaient généralement maigres et décousus.

Il y a bien un certain nombre de cultivateurs du canton qui s'occupent de la production de l'espèce chevaline, mais ils ne font pas à cet égard autant comme ils le devraient. Dans presque toutes les fermes, il y a des bœufs; s'ils abandonnaient la mauvaise habitude qu'ils ont d'atteler des chevaux avec des bœufs, ils seraient plus à même de bien entretenir les juments, et ils en obtiendraient de plus beaux produits.

L'espèce chevaline du canton de Redon est bonne pour le travail, elle est bien conformée pour pouliner; le meilleur moyen d'en tirer parti, c'est d'avoir recours au cheval arabe ou au pur sang anglais : de même que dans d'autres cantons, un premier croisement sera bon; mais il faut bien se garder d'avoir recours à un deuxième, surtout dans les conditions actuelles, ou bien on aura un produit trop grêle et de nulle valeur.

Aux cultivateurs qui voudront continuer à faire tirer au collier les poulains qu'ils élèveront, je leur conseillerai de choisir pour étalon un bon bidet breton de Corlay, et de ne plus avoir recours au grand demi-sang carrossier.

Espèce Bovine.

L'espèce bovine occupe une place importante dans toutes les fermes du canton de Redon.

Ce qu'il y a de plus remarquable sous ce rapport, ce sont les bœufs. Ils sont généralement de race nantaise, cholette ou vendéenne, tous bien conformés et en bon état, quoiqu'ils servent pour les travaux les plus pénibles des exploitations agricoles.

Au dernier concours du Comice il y avait neuf taureaux de deux ans, dix-huit taureaux de dix-huit mois et cent vingt-six génisses.

Dans ce canton, les sujets de race pure sont assez rares, tandis qu'il y en a en grand nombre de plusieurs croisements.

Parmi les animaux qui étaient aux deux derniers concours, il y avait :

1° Un taureau de pur sang breton qui avait obtenu un prix au concours régional de Rennes en 1855, et qui avait également été primé au concours général de Paris, la même année ; il y avait aussi quelques génisses bien conformées et marquées pour le lait, qui étaient de la même race.

2° Il y en avait provenant de croisement breton avec la race normande : ils étaient mal conformés, quelques-uns avaient des marques laitières ; mais comment admettre que les vaches de cette catégorie puissent convenir dans le canton de Redon ? Elles étaient toutes maigres.

3° Il y avait des produits de la race bretonne avec la nantaise : ils avaient une mauvaise conformation, étaient généralement maigres, présentaient une grande épaisseur de peau, de gros membres, et n'étaient pas laitiers.

4° On a croisé la race bretonne avec la race vendéenne : on a voulu, dit-on, augmenter la taille de la bretonne et lui donner l'aptitude que la race vendéenne présente pour le travail. Il en est résulté des produits qui ont les formes plus arrondies que la pure race bretonne, mais ils sont plus grands, ont la peau épaisse, les os gros et ne sont pas laitiers; on les reconnait facilement à la robe alezan foncé, aux caractères précédents, et au mufle souvent noir et bordé de gris.

Les cultivateurs du pays désignent ces croisements sous le nom de *léron;* ainsi, pour désigner une bête qui a du sang vendéen, ils disent : elle a du *léron.*

5° Au concours de 1854, il y avait un taureau de premier croisement durham avec une forte vache du pays.

6° Enfin, l'honorable président du Comice agricole, M. Bernède, a introduit dans le pays la race de Jersey.

On ne peut contester à la race de Jersey son entretien facile, ses qualités laitières et beurrières. Sous ce rapport, je crois que M. Bernède a eu une excellente idée; mais il est regrettable qu'on ait cherché à allier cette race avec d'autres, dont le seul mérite est d'être bonnes pour le travail, tandis qu'elles reçoivent une suffisante quantité de nourriture.

Maintenant il y a dans le canton de Redon des produits qui ont du breton, du nantais, du normand, du vendéen, du durham et du sang jerseyais.

Chaque race a ses qualités et ses défauts; il n'y en a pas une de parfaite : si nous savions les conserver pures, nous pourrions en obtenir de bons services ou d'abondants produits; mais en les mélangeant de la sorte, on les abâtardit et elles ne sont plus bonnes à rien.

Que M. Bernède soit content de la race de Jersey, je n'ai pas de peine à le croire; mais pour lui conserver ses qualités, il ne faut pas la croiser avec les variétés du pays, ou bien on finira par dire de celle-là comme de bien d'autres, qu'elle ne jouit pas des qualités qu'on lui donne.

Pour améliorer l'espèce bovine du pays, on pourrait le faire avec le taureau de Jersey ; mais il faudrait beaucoup de temps, de persévérance et de *soins bien entendus,* il faudrait en outre se procurer de bons reproducteurs à des prix élevés.

Puisque nous avons près de nous des reproducteurs que nous pouvons nous procurer à peu de frais, qui sont capables d'améliorer plus promptement l'espèce que nous avons, attendu qu'elle a déjà un peu du même sang, pourquoi ne profiterions-nous pas de tous ces avantages ?

Que veut le cultivateur du canton?

Des bœufs de travail ; mais la pure race bretonne en fournit de très-bons ; s'il les trouve trop petits aujourd'hui, la même race lui en donnera de grands lorsqu'il aura rendu son sol plus fertile, et qu'il pourra bien les nourrir sans priver les autres bestiaux.

Ce qu'il recherche par-dessus tout, ce sont des vaches qui, avec les maigres pâturages qu'il a, quelques feuilles de trèfle et de choux, lui donneront beaucoup de lait et de beurre. La race bretonne est celle qui réunit toutes ces conditions, et il n'est pas nécessaire d'aller au loin pour la trouver, elle est dans le département le plus voisin, celui du Morbihan.

Des observations qui précèdent, je crois que le meilleur moyen d'améliorer l'espèce du pays, c'est de la ramener le plus possible au type de la race bretonne, et pour y arriver il faut avoir recours au taureau de pure race bretonne du Morbihan.

Espèce Porcine.

Dans un grand nombre de fermes du canton de Redon, il y a des truies portières de la même race et conformées de la même manière que celles du canton de Pipriac et autres du même arrondissement.

Au dernier concours du Comice il y avait six verrats, dont cinq appartenaient à la race du pays et un était d'origine craonnaise.

Ici, comme au canton de Pleurtuit, l'exemple de ce verrat, osseux et défectueux de conformation, démontre encore que la meilleure race de l'univers ne vaut rien si on ne la met pas dans des conditions analogues et au moins aussi avantageuses que dans le pays d'où elle est originaire.

Ce que j'ai dit au sujet de l'espèce porcine, concernant l'arrondissement de Rennes et le canton de Pipriac, est applicable à celui de Redon.

Espèce Ovine.

L'espèce ovine n'était pas représentée au concours du Comice ; on en rencontre cependant un certain nombre sur les landes et dans les bonnes exploitations.

Les cultivateurs du canton sont tous intéressés à avoir un certain nombre de montons ; avec plus de soins et un peu plus de nourriture, ils en obtiendront de bons produits.

Ce que j'ai précédemment exposé au sujet de l'espèce ovine s'applique également au canton de Redon.

ARRONDISSEMENT DE MONTFORT.

L'arrondissement de Montfort est formé par un sous-sol très-variable. La richesse de son sol et son état cultural présentent de grandes différences, suivant les contrées que l'on examine. Il est à remarquer que les cultivateurs s'occupent principalement de l'élève du cheval, de la production et de l'élève de l'espèce bovine, tandis qu'ils n'apportent pas une grande attention à la production des espèce porcine et ovine.

Depuis quelques années, on a fait quelques améliorations agricoles dans cet arrondissement; mais elles ne sont pas aussi importantes que dans le reste du département.

CANTON DE BÉCHEREL.

Les communes qui composent ce canton sont : Bécherel, Cardroc, Irodouer, la Chapelle-Chaussée, les Iffs, Langan, Miniac, Romillé, Saint-Brieuc-des-Iffs et Saint-Pern.

Dans le canton de Bécherel, il y a un Comice agricole dont font partie les propriétaires les plus notables du pays. Afin d'augmenter l'importance des concours et d'y attirer le plus grand nombre possible d'agriculteurs, on n'a rien négligé pour donner à ces réunions le véritable aspect d'une fête agricole.

Espèce Chevaline.

En 1854 et 1855 il n'a été présenté aucune jument à la commission hippique. Les cultivateurs de ce canton agissent de la même manière que ceux des quatre cantons de Rennes, ils élèvent le cheval et ne le produisent pas; ils ont tous des chevaux entiers dont ils se servent pour les travaux de leurs exploitations.

Ce que j'ai dit à ce sujet en parlant de l'arrondissement de Rennes est applicable au canton de Bécherel; que les cultivateurs calculent bien leurs intérêts, et ils verront qu'ils auront plus de bénéfices à avoir des juments poulinières pour vendre des poulains à l'âge de six mois, plutôt que de les acheter eux-mêmes à cet âge pour la somme de 400 fr., et les revendre à quatre ou cinq ans pour 5 ou 600 fr.

Espèce Bovine.

L'espèce bovine qui était aux deux derniers concours du comice de Bécherel pouvait être considérée comme provenant des croisements suivants :

1° De race bretonne croisée normande, avec prédominance de l'une ou l'autre race, suivant le degré de croisement.

2° Quelques sujets avaient du breton et du nantais.

3° D'autres provenaient de taureaux croisés suisse alliés avec les précédents croisements.

A l'espèce bovine du pays on peut reprocher ses formes anguleuses, surtout aux bêtes qui ont beaucoup de Normand; plusieurs ont la queue trop haute, la peau épaisse et ne présentent pas de caractères laitiers.

Les cultivateurs du canton ont la mauvaise habitude de faire saillir leurs génisses dès l'âge de huit à dix mois; il en résulte qu'elles sont épuisées de bonne heure, et donnent de mauvais produits.

Les cultivateurs de ce canton ont de quoi nourrir convenablement leurs bestiaux; les vaches qu'ils ont ne sont pas trop grandes, mais elles ne donnent pas de lait en proportion de leur taille, parce qu'elles proviennent de croisements trop variés.

Le meilleur moyen d'améliorer l'espèce bovine du canton, c'est d'avoir un taureau breton de pure race de Quimper. Avec un taureau d'Ayr on pourrait obtenir de bons résultats, mais avec le premier on arrivera plus sûrement et plus promptement à obtenir des modifications avantageuses pour le pays.

Espèce Porcine.

Il n'y a que quelques cultivateurs du canton de Bécherel à s'occuper de la production de l'espèce porcine, aussi n'y avait-il qu'une seule truie pour représenter cette espèce au dernier concours. (*Voyez arrondissement de Rennes*, espèce porcine.)

Espèce Ovine.

L'espèce ovine n'était pas représentée au concours de Bécherel ; cependant dans cette contrée, de même que dans les autres du département, le mouton est capable de donner des bénéfices. (*Voyez arrondissement de Rennes*, espèce ovine.)

CANTON DE MONTAUBAN.

Les communes de ce canton sont : Bois-Gervilly, la Chapelle-du-Lou, Landujan, le Lou-du-Lac, Médréac, Montauban, Saint-M'Hervon et Saint-Uniac.

Il y a un Comice dans le canton de Montauban, mais il n'y a à en faire partie que quelques propriétaires qui s'occupent des intérêts du pays. Cependant, l'état agricole de ce canton laisse encore beaucoup à désirer, et il est regrettable que tous les propriétaires qui y sont intéressés ne cherchent pas à contribuer, à exciter l'émulation des fermiers, tant pour les améliorations culturales que pour les diverses espèces animales et le labourage.

Espèce Chevaline.

Dans les deux derniers concours du Comice agricole du canton de Montauban, il n'y avait pas un animal d'espèce chevaline. Les cultivateurs ont l'habitude d'acheter des poulains de six à dix-huit mois pour les élever. Ils agissent comme on le fait dans l'arrondissement de Rennes. (*Voyez ce que j'ai dit à ce sujet en parlant de Rennes.*)

Espèce Bovine.

Au dernier concours du Comice de Montauban, il y avait quatre taureaux et trente-cinq génisses.

On ne paraît pas s'être encore occupé de l'amélioration de l'espèce bovine; dans ce canton, comme dans beaucoup d'autres, on a agi au hasard. Il suffit qu'un fermier arrive d'nne autre contrée avec des animaux de races bien différentes pour que ceux du pays envoient leurs vaches à son taureau ; c'est ce qui a eu lieu ici pour un fermier venant de Fougères.

1° Il y a dans le canton des bêtes ayant du breton et du normand; les unes avec les caractères normands dominant, les autres tiennent plus de la race bretonne.

2° Il y en a qui ont du breton, du normand et du nantais.

3° Enfin, il y a des produits qui ont du breton, du normand, du nantais et de la race suisse.

Parmi les animaux d'espèce bovine qui étaient au concours, plusieurs étaient haut-montés, avaient les os saillants, la poitrine étroite, la queue haute, la peau très-épaisse, et n'étaient pas bien marqués pour le lait.

Le meilleur moyen d'améliorer l'espèce bovine du canton, c'est d'avoir recours au taureau de pure race bretonne.

Espèce Porcine.

L'espèce porcine n'était pas représentée au concours de Montauban, ce qui me donne à penser que les cultivateurs du pays n'en font pas grand cas *(Voyez arrondissement de Rennes à ce sujet).*

Espèce Ovine.

Il n'y avait pas de moutons au concours de Montauban *(Voyez arrondissement de Rennes).*

CANTON DE MONTFORT.

Il y a dans ce canton les communes de Bédée, Breteil, Clayes, Iffendic, Chapelle-Thouarault, Lanouaye, Le Verger, Montfort, Pleumeleuc, Saint-Gonlay et Talensac.

Dans le canton de Montfort, les principaux propriétaires et agriculteurs du pays font partie du Comice.

Le Comice emploie ses ressources à encourager les bonnes cultures, l'usage des amendements calcaires et l'amélioration de l'espèce bovine.

On constate dans le canton de notables améliorations agricoles qui sont dues à la bonne direction et à l'influence du Comice.

Espèce Chevaline.

Depuis nombre d'années, M. Maudet, membre du Conseil Général du département, avait le désir de voir un étalon autorisé dans le canton de Montfort, afin de mettre les propriétaires de juments à même de pouvoir les livrer à la reproduction.

Un étalon d'espèce chevaline dans le canton de Montfort était en effet reconnu nécessaire, surtout par suite de la suppression de la station de Rennes, et on peut considérer comme très-avantageux pour le pays que l'idée de M. Maudet ait pu être réalisée.

En 1854, au concours du Comice, il y avait un étalon de race bretonne, trois juments suitées de poulains de l'année, et trois qui n'avaient pas été saillies.

Au concours de 1855, le même étalon autorisé a été présenté avec cinq juments suitées.

Les juments présentées aux deux concours étaient de race bretonne, de la taille de 1 mètre 50 centimètres, bien doublées, ayant de bons aplombs et trottant bien; elles étaient généralement de robe grise.

Il est à remarquer que tous les poulains provenant de ces juments avec l'étalon du pays sont très-bien conformés et très-recherchés des cultivateurs des environs de Rennes.

Malgré le bon exemple donné par quelques cultivateurs, il y en a qui continuent à acheter des poulains de six mois pour les élever, ne comprenant probablement pas les avantages qu'ils pourraient obtenir avec des juments poulinières.

Espèce Bovine.

Dans le canton de Monfort, les cultivateurs ont des animaux d'espèce bovine, quelques-uns pour en tirer des services, mais le plus souvent c'est pour en obtenir des produits.

Les bêtes bovines, les meilleures pour le canton, ce sont celles qui donnent le plus de lait et de beurre : voyons si l'espèce bovine du pays répond bien aux espérances des cultivateurs.

Au dernier concours du Comice, il y avait huit taureaux et vingt-sept génisses. Il n'y avait pas un animal de race pure, tous avaient été croisés à divers degrés avec des races qui n'étaient pas du pays, et eu égard à leur conformation et aux signes qu'ils présentaient, il est très-douteux que ces divers animaux d'espèce bovine aient été réellement améliorés par croisement.

Les bêtes exposées représentaient les croisements suivants :

1° La race bretonne croisée normande, les unes avec plus de sang breton, et les autres avec plus de sang normand ;

2° Des produits provenant de croisement breton-normand avec la race nantaise ;

3° Des bretons-normands-nantais, croisés avec la race suisse. Il faut ajouter le mélange de toutes ces variétés, et on pourra se faire une idée exacte de l'espèce bovine qui représentait celle du canton de Montfort.

En parlant de l'arrondissement de Rennes, j'ai fait des observations qui sont également applicables au canton de Montfort.

Pour améliorer l'espèce bovine de la contrée, le moyen le plus certain et le meilleur serait d'avoir recours au taureau de pure race bretonne.

Lorsque les cultivateurs auront purifié l'espèce bovine qu'ils ont par le croisement breton, ils obtiendront des produits plus précoces, plus laitiers, qui auront les os fins, la peau souple et fine, et seront mieux conformés et plus propices à engraisser que toutes les vilaines et défectueuses bêtes qu'ils possèdent. Cette question est de la plus haute importance et mérite de fixer l'attention du Comice, qui tient tant à la prospérité du canton.

Espèce Porcine.

Il paraît que les cultivateurs du canton ne s'occupent pas beaucoup de la production de l'espèce porcine; c'est pour ce motif qu'il n'y en avait pas au dernier concours.

M. Déné, agriculteur distingué du canton de Montfort, qui peut être cité comme modèle à tous les autres du pays, vient de faire l'achat de cochons new-leicester; il est à désirer que tous les fermiers du canton cherchent à l'imiter.

La production porcine est une industrie de la plus grande importance pour les cultivateurs; tous peuvent s'en occuper et en obtenir de beaux bénéfices. (*Voyez à l'arrondissement de Rennes ce que j'ai dit à ce sujet*).

Espèce Ovine.

Il n'y avait pas de moutons au concours de Montfort. Les cultivateurs de ce canton se trouvent placés dans les mêmes conditions que ceux de Rennes; tous sont intéressés à avoir des moutons. (*Voyez arrondissement de Rennes*).

CANTON DE PLÉLAN.

Les communes de ce canton sont : Bréal, Maxent, Monterfil, Paimpont, Plélan, Saint-Péran, Saint-Thurial et Treffendel.

Le canton de Plélan a un Comice bien organisé; les principaux propriétaires du canton en font partie et concourent, tant par leur cotisation que par les encouragements qu'ils distribuent, à la réussite de l'institution.

Les progrès agricoles s'effctuent lentement dans ce canton ; mais il faut espérer que l'influence du Comice sera assez grande pour faire améliorer les terres et les diverses espèces animales du pays.

Espèce Chevaline.

Il n'y a qu'un petit nombre de cultivateurs du canton de Plélan à s'occuper de la production de l'espèce chevaline; la plupart sont comme les fermiers des cantons de Rennes, ils achètent des poulains pour élever.

Au concours de 1854, un étalon de race bretonne fut autorisé, parce qu'il y avait dix juments de race bretonne, de la taille de 1 mètre 50 centimètres, qui étaient suitées de poulains provenant d'étalons non autorisés.

Au concours de 1855, le propriétaire de l'étalon autorisé l'année précédente a déclaré avoir fait faire vingt-huit saillies; il n'a été présenté que deux juments suitées de poulains de l'année.

Aux cultivateurs du canton de Plélan j'adresserai les mêmes observations qu'à ceux de Rennes : qu'ils cherchent à avoir des juments pour faire pouliner, ils y gagneront plus qu'à acheter des poulains de six mois fort chers, pour les revendre à un âge plus avancé à prix coûtant, sinon à perte. (*Voyez arrondissement de Rennes.*)

Espèce Bovine.

L'espèce bovine est entretenue dans les exploitations rurales du canton de Plélan principalement pour en obtenir des produits.

Eu égard aux nombreuses variétés que ce canton présente, on constate qu'elles ne répondent pas aux besoins du pays. Ce n'est pas le tout que de chercher à avoir de grandes vaches, il faut avoir de quoi les nourrir ; puis il faut tenir compte du choix de la race, suivant le but que l'on se propose.

Si les cultivateurs du canton de Plélan tiennent à la production laitière, pourquoi ont-ils des bêtes ayant du sang nantais, attendu qu'il est bien reconnu que cette race, qui est excellente pour le travail, ne vaut rien pour le lait.

Dans ce canton, il y a des vaches qui ont beaucoup de sang normand ; les agriculteurs croient-ils avoir des pâturages assez fertiles et des magasins de fourrage assez abondants pour pouvoir entretenir convenablement la race normande ?

Les agriculteurs ont été à la recherche des produits provenant de croisement avec la race suisse ; ils auraient dû savoir qu'ils ont les os trop gros, la peau épaisse, mangent beaucoup et donnent du lait maigre ; c'est pourquoi ils ne conviennent pas au pays. Avec les races bretonne, normande, nantaise et suisse, croisées à divers degrés, il y a dans le canton des bêtes bovines mal conformées, exigeantes, à cornes fortes, sans marques laitières, et présentant d'autres signes d'après lesquels on reconnaît l'abâtardissement.

Au dernier concours du Comice, il y avait un taureau de pure race bretonne, bien conformé et annonçant de grandes qualités ; cet animal était très-remarquable. J'en fis l'acquisition pour le canton de Châteaugiron, où tous les cultivateurs l'ont mieux apprécié que dans le canton de Plélan.

Le moyen le plus rationnel et le plus certain d'améliorer l'espèce abatardie du canton de Plélan, c'est d'avoir recours au taureau de pure race bretonne du Morbihan.

Espèce Porcine.

L'espèce porcine ne figurait pas au dernier concours du Comice; il faut croire qu'il n'y a qu'un bien petit nombre d'agriculteurs du canton à avoir des truies portières. *(Voyez arrondissement de Rennes).*

Espèce Ovine.

L'espèce ovine n'était pas représentée au concours de Plélan, probablement parce que les cultivateurs du canton dédaignent de s'en occuper. *(Voyez arrondissement de Rennes).*

CANTON DE SAINT-MÉEN.

Il y a dans ce canton les communes de Bleruais, Gaël, Le Crouais, Muel, Quédillac, Saint-Malon, Saint-Maugan, Saint-Méen et Saint-Ouen.

Le canton de Saint-Méen possède un Comice; mais n'ayant été organisé que depuis quelques années, il en résulte qu'il n'a pas encore eu assez d'action sur les cultivateurs pour pouvoir produire un grand nombre d'améliorations.

Dans le canton de Saint-Méen, il y a quelques fermes qui sont dans de bonnes conditions de culture; mais il y en a un plus grand nombre dans lesquelles il reste encore beaucoup à faire pour les mettre en bon rapport.

Plus un pays laisse à désirer sous le rapport agricole, plus un Comice doit avoir de l'importance, parce qu'il est appelé à combattre de vieilles routines, et qu'il a besoin d'exercer une grande influence sur les cultivateurs pour pouvoir les diriger dans la voie des améliorations.

Espèce Chevaline.

Dans le canton de Saint-Méen, il y a quelques cultivateurs qui s'occupent de la production chevaline; mais cette partie de l'industrie agricole est loin d'avoir toute l'importance qu'elle mérite.

Au concours de 1854, il y avait cinq juments suitées et sept qui ne l'étaient pas; il fut en outre présenté deux étalons.

En 1855 la Commission hippique a eu à visiter neuf juments situées de poulains de l'année, trois qui n'avaient pas été saillies, et deux étalons, dont un est autorisé dans le département du Morbihan.

Les juments qui étaient aux deux derniers concours étaient de race bretonne de trait des environs de Lamballe, et il n'y en avait pas de petite taille, à formes légères et anguleuses, comme on en rencontre sur les landes de ce canton.

Pour l'espèce chevaline, de même que pour l'espèce bovine, il y a des cultivateurs qui croient qu'on ne peut avoir de chances à obtenir un prix dans un concours agricole qu'autant que l'animal présenté sera de grande taille. Dans un Comice, on doit encourager la production et l'amélioration de tous les animaux qui peuvent être élevés avantageusement dans le pays, suivant le degré de prospérité agricole de la contrée : on doit accorder des prix aux petits ou bien aux grands animaux.

Il est regrettable que les cultivateurs qui ont des petites juments du pays employées à la reproduction ne les aient pas présentées au concours de Saint-Méen, parce qu'ils auraient eu autant de chances à être primés que ceux qui en auraient eu de grandes.

Dans le canton de Saint-Méen, il n'y a pas d'étalons autorisés; mais il y en a un de race bretonne situé dans son voisinage, et qui est dans le département du Morbihan. Il serait à désirer qu'il y eût dans le pays un bon petit étalon de Corlay pour saillir les juments de petite taille, qui sont dans les landes.

Espèce Bovine.

L'espèce bovine du canton de Saint-Méen était représentée au dernier concours par sept taureaux et vingt-huit génisses.

Les agriculteurs du pays paraissent avoir de grandes tendances à avoir de grandes vaches : c'est ce qui les a portés à faire de nombreux croisements.

1º Il a des bêtes qui sont le résultat de l'alliance de la petite bretonne du Morbihan avec la sous-race des environs de Rennes, qui est le résultat du croisement breton-normand.

2º Il y en a qui proviennent du croisement de la variété précédente avec le taureau normand dégénéré, venant du côté de Fougères; celles-là sont plus minces de corps, ont les membres longs et sont de robe brangée.

3º Il paraît qu'il y a eu dans le canton quelques taureaux provenant de croisement breton-normand-nantais, qui ont été employés comme reproducteurs; c'est ce qui fait qu'on rencontre quelques sujets à peau épaisse, à membres gros et longs, de robe alezan pâle, qui ne sont pas laitiers.

Les vaches de ces trois catégories sont généralement mal conformées; elles ont la croupe très-étroite à sa partie postérieure, et la queue haut placée; le cornage en est court, mince et blanc, et il n'y en a qu'un bien petit nombre à pouvoir être considérées comme bonnes laitières.

Ce que les agriculteurs du canton de Saint-Méen ont de mieux à faire, c'est de n'avoir que des taureaux de pure race bretonne du département du Morbihan ; en agissant de la sorte, ils obtiendront des bêtes d'un entretien plus facile, qui seront mieux conformées et plus laitières.

Espèce Porcine.

Il y a un certain nombre de cultivateurs qui s'occupent de la production de l'espèce porcine ; mais il y en a un plus grand nombre qui n'ont pas de truies portières.

Au dernier concours de Saint-Méen, il y avait deux verrats de la race du pays, qui n'est autre que la bretonne défectueuse.

Il est à désirer que la production porcine prenne une plus grande extension dans le canton de Saint-Méen *(Voyez arrondissement de Rennes)*.

Espèce Ovine.

L'espèce ovine n'était pas représentée au concours de Saint-Méen ; il y a cependant quelques cultivateurs qui ont des moutons. Il est à désirer que le Comice de Saint-Méen prenne sous son patronage la production du mouton, afin de faire comprendre aux cultivateurs du canton tous les avantages que cet animal peut leur procurer *(Voyez arrondissement de Rennes)*.

Configuration et composition du sol dans le département d'Ille-et-Vilaine.

Pays montagneux........	150,000	hectares.
Sol de riche terreau......	75,000	—
Sol calcaire.............	2,000	—
Sol de gravier...........	3,000	—
Sol pierreux.............	10,000	—
Sol sablonneux..........	5,000	—
Sol argileux.............	272,000	—
Sol de différentes sortes...	1,163	—
Total...........	668,697	hectares.

Sans comprendre les rivières ni les propriétés bâties.

Étendue totale des prairies dans le département.

Prairies naturelles.		Prairies artificielles.	
Arrond. de Rennes...	16,611 h.	Arrond. de Rennes...	2,283 h.
— St-Malo..	7,087	— St-Malo..	4,965
— Fougères.	10,730	— Fougères.	7,252
— Vitré.....	15,847	— Vitré......	4,365
— Redon....	14,747	— Redon....	632
— Montfort.	7,847	— Montfort..	706
Total.........	72,869 h.	Total..........	20,203 h.

Nombre d'animaux d'espèce chevaline que possède le département.

ARRONDISSEMENTS.	ENTIERS. au-dessus de 3 ans	ENTIERS. au-dessous de 3 ans	HONGRES au-dessus de 3 ans	HONGRES au-dessous de 3 ans	JUMENTS. au-dessus de 3 ans	JUMENTS. au-dessous de 3 ans	Totaux des chevaux.
Rennes.	8,999	1,684	1,215	323	1,176	386	13,783
Saint-Malo.	7,613	2,186	55	43	1,248	215	11,360
Fougères.	2,531	1,221	441	211	6,301	2,498	13,203
Vitré.	856	1,115	4,405	2,616	6,084	2,636	17,712
Redon.	2,277	551	1,020	377	2,152	725	7,262
Montfort.	4,530	1,329	8	»	332	118	6,317
Totaux. . . .	26,806	8,086	7,144	3,570	17,293	6,578	69,637

Nombre d'animaux d'espèce bovine que possède le département.

ARRONDISSEMENTS.	taureaux.	bœufs.	vaches.	élèves.	totaux.	Nombre de veaux nés dans l'arrondissement.
Rennes.	240	1,578	44,067	6,118	52,603	36,626
Saint-Malo.	354	154	28,888	5,471	34,867	20,731
Fougères	384	5,923	23,923	9,035	39,265	15,504
Vitré.	680	3,281	30,191	13,684	47,836	23,950
Redon.	928	8,937	27,168	5,724	42,757	21,527
Montfort.	258	462	26,919	3,485	31,124	20,324
Totaux.	3,444	20,335	181,156	43,517	249,452	138,662

Nombre d'animaux d'espèce porcine que possède le département.

Arrondissement de Rennes.	10,751
— Fougères.	10,348
— Montfort.	8,419
— Saint-Malo.	15,692
— Vitré.	10,031
— Redon.	18,260
Total.	73,501

Nombre d'animaux d'espèce ovine que possède le département.

ARRONDISSEMENTS.	béliers.	moutons.	brebis.	agneaux.	TOTAUX des troupeaux.
Rennes.	276	1,707	2,528	1,403	5,914
Fougères.	419	1,021	4,753	2,579	8,772
Montfort.	573	2,626	3,450	2,053	8,702
Saint-Malo.	999	2,790	13,413	5,943	23,145
Vitré.	402	1,517	4,637	3,554	10,110
Redon.	5,581	47,861	54,205	24,981	132,628
Totaux.	8,250	57,522	82,986	40,513	189,271

RENNES. — IMP. DE CH. CATEL ET Cie, RUE DU CHAMP-JACQUET, 25.

TOME DEUXIÈME.

Ce deuxième volume contiendra les caractères des races et sous-races des espèces bovine, porcine et ovine qui étaient au concours universel de 1856, avec leurs appréciations au point de vue du département d'Ille-et-Vilaine.

www.ingramcontent.com/pod-product-compliance
Ingram Content Group UK Ltd.
Pitfield, Milton Keynes, MK11 3LW, UK
UKHW021134260726
13994UKWH00001B/138